国家自然科学基金资助

中国科学院上海生命科学研究院生物化学与细胞生物学研究所协助出版

基因、转基因和我们

——遗传科学的历史和真相

刘定干　编著

上海科学技术出版社

图书在版编目(CIP)数据

基因、转基因和我们:遗传科学的历史和真相 / 刘定干编著. —上海:上海科学技术出版社,2018.3
ISBN 978 - 7 - 5478 - 3917 - 1

Ⅰ. ①基…　Ⅱ. ①刘…　Ⅲ. ①遗传学—普及读物②基因—普及读物③转基因技术—普及读物　Ⅳ. ①Q3 - 49 ②Q785 - 49

中国版本图书馆 CIP 数据核字(2018)第 029344 号

基因、转基因和我们——遗传科学的历史和真相

刘定干　编著

上海世纪出版(集团)有限公司
上海 科 学 技 术 出 版 社 　出版、发行
(上海钦州南路71 号　邮政编码200235　www. sstp. cn)

字数107 千　　　　　印张9.5
2018 年 3 月第 1 版　2018 年 3 月第 1 次印刷
ISBN 978 - 7 - 5478 - 3917 - 1/Q · 58
定价:32.00 元

本书是一本关于遗传科学的科普书，通俗地介绍了遗传、基因和基因科学的基本知识及在社会各方面的应用，特别对近年来公众关心的"转基因"问题做了详细阐述，说明了事实真相。本书内容翔实可靠，易读易懂，可以帮助读者正确认识和理解基因、转基因以及遗传（基因）科学，并在生活实践中运用这些科学知识。

作为一位退休的研究基因的科学家，本书作者希望此书在提高人民的科学文化水平、打击和消除伪科学在群众中的恶劣影响方面，能做出微薄的贡献。

　　为什么人和大多数脊椎动物都有一个头和四条肢体？为什么树木能用绿色的叶子从太阳光吸收能量，而我们却不能？为什么蛇和蚯蚓只有身子而没有腿？为什么池塘里有许多用眼睛都看不见的小虫等微生物，还能把水搞脏弄臭？为什么地球上的各种生物都有各自独有的形状、色彩、大小、活动特性、生活地点、身体结构、寿命等特征？

　　读者看到这些问题也许会觉得好笑，这些不都是大家天天都看见的，不是"就该如此"吗？还有什么可稀奇的呢？

　　的确是这样。我们对于天天见到的许多现象，往往会"习惯成自然"，把它们看成"没有什么可奇怪"，而不去想想这些现象发生的原因、这里面还有什么奥秘。但是，有一些人却把提出和解决这些"稀奇古怪"的问题作为自己的毕生追求和对社会的责任，他们就是科学家。

　　让我们用科学家的眼光来看看刚才的问题。

　　科学家们发现，生物体内有一种能控制那些特征的东西叫"基因"。"基因"就是细胞核里的一种叫做"脱氧核糖核酸（DNA）"的生物分子的一段；这种奇特的分子是各种生物一切特征的"设计图"和"样板"。因此，对于上面那些"怪"问题，最简单的回答是：因为所有生物都拥有自己种属特有的一大群基因，这些基因确定了各种生物的特征，并且使所有物种能代代相传。

　　因此，在这本小书里，笔者要给大家讲讲基因的故事：详细地说说基因究竟是什么，基因是怎样被发现的，基因的遗传规律是什么，我们和其他生物是怎样把自己的性状遗传到下一代的，研究基因对我们有什么用处，基因科学在发展过程中曾经遇到什么样的阻碍，等等。还要回答大家很关心的问题：什么是"转基因"？"转基因"研究到底是好事还是坏事？

希望大家能感兴趣，更希望有更多的有志之士积极投身于基因科学研究的队伍中去。

编著者

目　录　| Contents

第四章　基因突变、癌变和核事故

第五章　自然界的转基因现象和物种进化

第六章　转基因研究:创造新物种以满足人类需要

第七章　遗传病解密

第八章　聚合酶链式反应

第九章　DNA 特征分析和亲子鉴定

第十章　DNA 分析和法医昆虫学

第一章

"转基因"：
福兮？ 祸兮？

"转基因大豆吃不得"吗

"大嫂,你买的是豆油吗?"

"是呀。"

"看看,是用转基因大豆榨的吗?"

"我看看。喏,这里有一行小字:用转基因大豆制造!"

"哎呀! 快别买了!"

"怎么了?"

"听人家说,吃了转基因大豆要生不出孩子!"

"啊?! ……"

这是超市里两位妇女的对话。

近年来,确切地说是 2012 年以来,在我国,"转基因"悄悄变成了老百姓非常关注的话题。在不少地方,流传着各种稀奇古怪的"路透社消息":什么现在好多粮食蔬菜都是"转基因"的,转基因的东西吃了会三代绝种;什么外国都根本不吃转基因的东西了;什么转基因的玉米、番茄只能种一年,第二年就没法再种;什么许多新奇粮食蔬菜水果,像紫薯、圣女果(小番茄)、甜玉米等都是"转基因"的,吃了会生癌;还有说小龙虾也是"转基因"的、有毒,等等。总之,"转基因"食品都是不好的,都是种出来害人的。

更有甚者,在互联网和微信群上居然出现了各种谣言,其信口雌黄、胡说八道和耸人听闻的程度令人难以置信。例如,有个"X 鸟 YY 会"说:"欧盟绝对禁止转基因食品(包括动物饲料);世博会、亚运会、大运会全部严禁转基因食品;非洲人宁可饿死也不进口转基因食品;俄罗斯证实转基因食物使动物三代绝种。"有个"A度B道"又说,某年某月德国某农民喂转基因玉米给牛吃,毒死了70头牛,等等。

这些谣言的发布者没有(或不敢!?)公开自己的真名实姓,多数人并不认为这些消息真有其事。但是,不少人抱着"宁可信其有,不可信其无"的态度,对转基因产品退避三舍。总之,"转基因"变成了一个可怕的"魔影",在一些地方、一些人群中时隐时现,对人民的日常生活起着干扰甚至是破坏的作用。许多人对"转基因"至今还很害怕,对转基因食物唯恐避之不及。

但是,就在不久以前,转基因的研究在我国人民心目中还占有崇高的地位。转基因——又叫"基因工程"——被看做是我们未来制药工业、医疗事业和农业发展的希望。人们希望将来有一天能吃到富含必需氨基酸的大米,而现在的大米是缺乏那些氨基酸的;糖尿病病人希望能够喝到含有胰岛素因而能治疗糖尿病的牛奶;医生们希望能够得到在牛羊身上分泌出来因而非常廉价的血友病治疗药物,而现在这些药物要从人血中提取,价格高得吓人;农民们希望能种植不怕病虫害、不用打农药的农作物和果树,同样消费者们也希望能买到这样真正"绿色"的农产品;甚至科学家们还想在老鼠身上培育人的耳朵,在猪身上培植人体器官,使今后需要做器官移植来救命的病人再也不用苦苦等待合适的捐献者……转基因——基因工程研究为我们展开了多么光明灿烂的前景!

那么,为什么现在人们对转基因研究的看法会有如此大的分歧呢?为什么"转基因"这几个字竟会那么吓人呢?

谣言的源头:欧洲的"转基因致癌"伪科学风波始末

说转基因研究有害的这阵风,是从西方吹来的。

讲究"吃"的欧洲人向来对食品的安全抱非常谨慎的态度。但是在21世纪初,欧洲发生了较多严重的食品安全事故。据报道,1996年英国发生了"疯牛病"，据说人吃了"疯牛肉"就会生脑病"发疯"，所以短短几个月英国就杀了 400 多万头牛，损失高达 30 亿英镑。2001 年，疯牛病又在法国、德国、比利时、西班牙等国相继发生。1999 年，整个欧洲发生了肉类被强致癌物二噁英污染的事故，这对于以肉类为主食的欧洲人而言又是一个沉重打击。2000 年，法国发生致病性的李斯特菌污染肉制品的事故，造成至少 9 人死亡。不久，英国的牲畜又流行起口蹄疫来。这一连串的食品安全事故使欧洲人更加提心吊胆。

在这样的情况下，对于也正是在这一时期新兴的转基因食品，大部分欧洲人是不放心的。有些人就利用人们的这种心理，在欧洲各国兴风作浪。他们有的是担心转基因产品会损害天然的生物进化过程，虽然还没有确切证据证明存在这种危险；有的是从某些组织的利益出发反对转基因产品；更多的则是因为和一些公司存在利益关系，而采取了反对另一些公司（如出售转基因产品的公司）的立场。这些人在欧洲各国发表文章、接受采访、组织游行、上访请愿，不时掀起反对转基因研究的风浪。欧洲的报刊、电视台，特别是互联网网站等媒体本来就是靠炒作新闻吃饭的，见了这些事端更是喜出望外。这样一来，各种反对转基因的消息就源源不断地传送到世界各地，包括我国，一直钻进我国人民大众的眼睛和耳朵里。

在这场反对转基因研究和转基因产品的风潮中，欧洲有些戴着"科学家"桂冠的大学教授起了很负面的作用。典型的一个是法国卡昂大学（Université de Caen）的吉尔厄里克·塞拉里尼（Gilles－Éric Séralini）。此人与其合作者 2012 年 9 月 19 日在英国的《食品和化学品毒理学杂志》（网络版）发表了一篇名为《农达除草剂和抗农达除草剂的转基因玉米的长期毒性》的文章[1]。此文宣称，抗农达除草剂的一种转基因玉米 NK603，在喂养大鼠 2 年后，大鼠发生了明显的肝坏死、肾损害，死亡率大大增加，并且出现了癌瘤。作者宣称这些毒性作用是转基因玉米转进去的基因在大鼠体内高表达的结果。塞拉里尼还为此专门召开了新闻发布会。

塞拉里尼的新闻发布会被电视和媒体大肆报道，在欧洲社会激起了强烈反响。我国中央电视台的新闻节目也报道了这件事。这样，欧洲关于转基因的争论和看法就进入了中国观众的视野。但是，不少人看了中央台电视节目得到的印象只是"转基因食物可能致癌"。一些本来就对"转基因"怀有偏见的人则以为抓到了稻草，竟在网上发表"博客"文章，兴高采烈地叫嚷"中央台终于承认转基因食物可以致癌"！

当然，报道新闻是传播媒体的本职工作，但是这则新闻却没有能帮助人们正确了解转基因研究及其成果，而是加深了一部分老百姓对转基因食品和转基因研究的误解。

塞拉里尼等的论文发表后不久，国际科学界就发现这篇论文在取材、实验设计和分析方法等方面存在严重问题，纷纷向作者们和发表论文的杂志编辑部提出质疑。同时，欧洲主管食品安全事务的最高机构——欧洲食品安全局迅速对塞拉里尼等的论文进行了评估，并于 2 个月后（2012年 11 月 28 日）发表了最终评估意见，该评估意见刊登在当天的《欧洲食品安全局杂志》上（网上登载）[2]。最终评估意见指出：

"塞拉里尼等的研究报告在设计、结果分析和报道方面都是不适当的。塞拉里尼等作者在《食品和化学品毒理学杂志》上发表的对批评的回答，所提供的附加信息很有限。"

"塞拉里尼等所描述的研究不能使人重视他们所发表的结果和结论。"

"考虑了欧盟成员国的评价和作者对批评的回答后，欧洲食品安全局认为塞拉里尼等的研究报告的科学质量不足以进行食品安全的评价。"

欧洲食品安全局的最终评估意见最后表示，将不对 NK603 转基因玉米的安全性重新进行评估，也就是否定了塞拉里尼所谓转基因玉米致癌的说法。

2013 年，西班牙、澳大利亚和美国的九位科学家（第一作者是西班牙的格玛·阿尔霍，Gemma Arjó）联名在国际科学杂志《转基因研究》上发表长篇论文《多数意见、科学讨论和伪科学：对塞拉里尼等宣称抗农达玉米或农达除草剂对大鼠致癌研究的深入分析》[3]，批判塞拉里尼论文中的错误。他们指出：

塞拉里尼的文章有"大量错误和不正确之处，导致高度误导的结论，其在科学杂志和广大媒体上的发表对科学的可信性和这一领域的研究者造成了损害。"

"该工作抛开了良好科学实践的一切标志，更重要的是忽视了最起码的科学和伦理标准，特别是在对待实验动物方面。"

在指出了塞拉里尼论文中在实验设计和数据提取等多方面的错误后，阿尔霍等着重指出：

塞拉里尼等所使用的实验动物——斯普拉格 - 多利（Sprague - Dawley，简称 SD）大鼠，本身就会在没有任何外来因素的情况下自然发生肿瘤，肿瘤的自然发生率一般为 40% ~ 80%；肿瘤一般在正常饲养了 90 天以后开始发生；因此这种大鼠只能用于短期的鉴定成瘤性的实验。也就是说，如果某种化合物在 90 天之内使这种大鼠发生肿瘤，则那种化合物就可认定是致癌性的。而塞拉里尼等却把这些大鼠用他们所谓可能致癌的食物喂养了 2 年，而且实验动物的数量也不够。

阿尔霍等还指出：

塞拉里尼的文章里所登载的关于肿瘤发生情况的数据，几乎可以肯定是统计学的随机噪音，也就是说，肿瘤是大鼠自然发生的而不是吃了致癌物引起的。塞拉里尼等对待实验动物是很不合伦理的，他们的大鼠身上的瘤子早已大得超过了应予安乐死的程度了。

对于国际科学界的质疑和批判，塞拉里尼等发表了一篇文章[4]进行答辩。在该文中（本书为节省篇幅，其他问题略去——笔者注），对于最关键的、用有自发成瘤倾向的 SD 大鼠做长达 2 年时间的成瘤性实验的问题，塞拉里尼等引用了美国"国家毒理学研究计划"（National Toxicology Program，简称 NTP）关于选择实验动物的一篇报告，说："SD 大鼠易生肿瘤的事实已被一些单位如（美国）国家毒理学研究计划用于 2 年的致癌性和其他长期研究。"这种辩解似乎振振有词，但是查阅 NTP 的报告原文[5]，却是：

"目前，NTP 正在收集雌雄 HSD（美国国家毒理学研究计划给斯普拉格－多利大鼠起的名字）大鼠在 90 天和 2 年研究中的自发、非肿瘤和肿瘤病变的历史对照资料，并用这种大鼠进行生殖和发育的毒理学研究。我们将继续评价 HSD 大鼠对 NTP 研究的适用性并公之于众。"

就是说，NTP 还在评判这种大鼠是不是可以用于 2 年期的肿瘤研究，根本没有肯定它适用于这样的长期成瘤性实验。因此，塞拉里尼是在故意狡辩。在这篇答辩文章中，塞拉里尼还说："用对成瘤不敏感的动物种类来研究肿瘤病理学是无稽之谈。"把"自发成瘤性"和"对成瘤的敏感性"混为一谈，这简直是在耍无赖了。

笔者认为：

对于任何一个有真才实学的、认真严肃的科学研究者，挑选实验动物是一项最基本的常识和研究能力。笔者自己曾从事抑癌基因的研究，对实验动物选择的重要性有很深的体会。如果拿有自发成瘤倾向的老鼠来鉴定一种物质的长期成瘤性，那岂不是笑话！所以令人非常吃惊的是，堂堂卡昂大学的教授竟连这样一点最基本的研究常识也不懂！这样连实验常识都没有的人在法国居然能当上大学教授！而且这位教授居然还能厚着脸皮在所谓答辩文章里对自己的错误进行无赖狡辩！这也令人怀疑塞拉里尼是为了迎合欧洲的反对转基因研究的势力故意制造事端，因为此人确实接受过反转基因组织的研究资助。

由于受到多数科学家的质疑和反对，而其答辩又不能自圆其说，2013年年底，《食品和化学品毒理学杂志》撤下了塞拉里尼等的论文。

可是，过了不到一年，塞拉里尼又把他们的论文抛出来，发表在一份没有影响因子（影响因子是一种用来评判一本科学杂志在社会上的影响力的数值，由该杂志所发表的文章被其他媒体引用的频度表示。杂志影响力越强，影响因子越大——笔者注）、影响力大大不如《食品和化学品毒理学杂志》的网上小杂志《欧洲环境科学》上。该刊的编者按语说：重新发表这篇文章"并不意味着对该文的任何内容有所评价，唯一目的是使得可以达到科学的透明并对有争议的方法学进行讨论"。

塞拉里尼虽然做研究不行，在煽动舆论方面却是十分拿手。他的新闻发布会大大轰动了欧美，几小时内关于此事的博客和推特就达 150 万条以上。长着吓人癌瘤的大鼠的巨幅视频在美国的公众电视网上播放；法国终止了转基因作物的进口运输；俄罗斯联邦和哈萨克斯坦禁止了转基因玉米的进口；秘鲁宣布暂停进口转基因作物十年；非洲的肯尼亚也禁止了所有转基因食品的进口（见阿尔霍等文章[4]）。在媒体传播的疯狂炒作下，一篇毫无科学价值的错误"论文"竟能把这些国家的领导人忽悠得团团转！

在这期间（2008～2015 年），我国和国际科学家也就几种转基因玉米和转基因大豆的毒理学进行了研究实验。所使用的实验动物也是斯普拉格－多利大鼠，当然是在标准的 90 天实验期内。研究证明转基因玉米和非转基因玉米是同样安全的；转基因大豆和非转基因大豆也是同样安全的，而且营养成分完全相同[6~8]。

虽然所谓"转基因玉米致癌"的结论就此已经被证明是完全错误的，塞拉里尼"论文"的恶劣影响还是遍及世界各地，远没有被消除。现在在世界许多地方，"转基因食品致癌"的怪影仍然在游荡。

在中国古代，"西方"曾经被中国大众看做知识和智慧的源泉，唐朝的玄奘和尚曾经不辞千辛万苦，长途跋涉到"西方"去取经。当然他没能到达欧洲，只是到达了同属亚洲的印度。但是，现在"西方"却成了"转基因"谬误和谣言的根源。

基因和转基因是什么

如上面讲过的，我国现在还在流传着转基因产品有毒有害的各种传闻和谣言。其实，这些谣言的"老巢"就是塞拉里尼以及他们的同伙。从西方飘来的谣言，经过一些心怀叵测的人的"精心加工"，就成了国内的"新版本"；而一些欧美和非洲国家因受塞拉里尼的恶劣影响而对转基因产品采取的政策，也成了国内造谣者抓住拿来反对转基因研究和生产的一根稻草，如肯尼亚禁止转基因食品进口就被"X鸟YY会"描述为"非洲人宁可饿死也不进口转基因食品"。

另一方面，善良民众中也有一部分人对转基因研究和转基因农作物的生产存有疑虑。笔者就遇到过这样的问题：

"小番茄和红白粒玉米到底是不是转基因的？是不是种了一年就要绝种？""转基因食品到底有没有害处？"

笔者问："你知道什么是转基因吗？"

对于这个问题，多数人回答是："就是把基因从一种东西转到另一种东西！"

"那么什么是基因呢？"

"……"

的确，如果要搞清楚"转基因"究竟是好是坏，就需要先搞清楚：什么是遗传？什么是基因？然后再弄明白什么是转基因。如果不了解这些基础知识，就可能人云亦云，上谣言制造者的当。在塞拉里尼的"转基因致癌"伪科学事件中，那些只会报道轰动消息的记者们不就是扮演了谣言传播工具的角色吗？

其实，"遗传""基因"之类的科学名词，普通老百姓并非不熟悉（这些内容已收进了中学课本）；我们在日常的电影和电视剧里就能看到、听到。电视喜剧《乡村名流》里刘一手和他的儿子刘大鹏有这样一段对话：

"你说智商这玩意儿遗传不？"

"有点关系吧。"

"我说我拼智商咋拼不过高长水呢，这不能赖我，指定赖你。"

"……你尽瞎说，你要遗传的话，你遗传你妈太多，你要像我的话，你能这样吗？你早就赢他了。"

这些对话表明，"遗传"是把一种性质（"智商"）从亲代（"父母"）转移到儿子（当然，还有女儿）。这正是"遗传"的基本含义。

现在，在互联网上，在各种"博客""微博""微信"中，关于转基因研究的好坏之争还在时隐时现地进行，有时还很激烈，甚至闹到"打官司"的地步，各方都认为自己是对的。但是，不客气地说，参与争论的各方对于"转基因"的实质并不见得都完全了解。在这种情况下就难以避免意气用事，陷入低俗的争斗。因此，最好的解决方法是大家都停止"口水战"，坐下来冷静地研究一点遗传和基因科学。只有这样，我们才能提高自己对"转基因"（或者说，遗传科学）的了解，逐渐达到对这门科学的深度认识，走向意见的一致，吵架也就可以避免了。

至于那些唯恐天下不乱的造谣者，也只有通过在人民大众中普及遗传科学那样的科学知识，才能使他们显露真面目。

其实，我们每天都在和"转基因"打交道，只不过自己不知道罢了。我们的日常生活离不开"转基因"，"转基因"是常见的现象，也是农业生产中常用的重要技术。从根本上说，"转基因"是地球上生物进化的基本方式，没有"转基因"，就没有今天的人类，没有"转基因"就没有地球上的整个生物界！没有"转基因"就没有我们自己！

在本书中，笔者将讲述遗传科学的发现及其发展历史、现代分子遗传学和转基因研究，以及遗传科学在社会生活各方面的用途。希望读者在阅读本书以后，对"什么是遗传""什么是基因""什么是转基因"这些问题能多一些了解。

［参考文献］

1. Gilles‐Éric Séralini，et al. *Long‐term toxicity of a Roundup herbicide and a Roundup‐tolerant genetically modified maize*［J］. *Food Chem. Toxicol*，2012，50：4221－4231

2. European Food Safety Authority，*Final review of the Séralini et al.（2012a）publication on a 2‐year rodent feeding study with glyphosate formulations and GM maize NK603 as published online on 19 September 2012 in Food and Chemical Toxicology*［J］. *EFSA Journal*，2012，10（11）：2986

3. G Arjó，M Portero，C Piñol，et al. *Plurality of opinion，scientific discourse and pseudoscience：an in depth analysis of the Séralini et al. study claiming that RoundupTM ready corn or the RoundupTM herbicide cause cancer in rats*［J］. *Transgen. Res*，2013，22

（2）：255 - 267

4. Gilles - Éric Séralini, et al. *Answers to critics*：*Why there is a long term toxicity due to a Roundup - tole Séralini rant genetically modified maize and to a Roundup herbicide*［J］. *Food Chem Toxicol*,2013,53：476 - 83

5. AP Kingherbert, RC Sills, JR Bucher. *Commentary*：*update on animal models for NTP studies*［J］. *Toxicol Pathol*,2010 Jan;38（1）：180 - 181

6. He XY, Huang KL, Li X, et al. *Comparison of grain from corn rootworm resistant transgenic DAS - 59122 - 7 maize with non - transgenic maize grain in a 90 - day feeding study in Sprague - Dawley rats*［J］. *Food Chem Toxicol*,2008 Jun;46（6）：1994 - 2002

7. XY He, MZ Tang, YB Luo, et al. *A 90 - day toxicology study of transgenic lysine - rich maize grain （Y642）in Sprague - Dawley rats*［J］. *Food Chem Toxicol*,2009 Feb;47（2）：425 - 432

8. BJ Fast, AC Perez, TY Johnson, et al. *Insect - Protected Event DAS - 81419 - 2 Soybean （Glycine max L.）Grown in the United States and Brazil Is Compositionally Equivalent to Nontransgenic Soybean*［J］.*J. Agric. Food Chem*,2015,63（7）：2063 - 2073

第二章

遗传规律的发现

人类对遗传现象的利用和研究

从这一章起,我们要详细地讲讲我们的先辈是怎样发现遗传规律的。

自从人类诞生以来,确切点说,自从人类能使用工具、能运用大脑、能进行创造性的劳动开始,人类就开始驯养和培植野生动植物了。几千年前,我们的先辈就注意到了动植物的遗传和变异,而且开始通过人工驯养以定向地积累它们的变异,来满足我们人类的需要。我们现在吃的大米、猪肉、蔬菜、水果,用的棉花、亚麻、牛皮、羽绒,都来自长期人工培植和驯化而形成的栽培植物和家养动物。有些人喜欢的狗、猫等宠物,也是从野生的狗猫经过长期驯养而成的变种。这种驯养的成果正反映出一个事实:人类早在史前时代,就已经在实践中深刻认识了生物遗传现象,而且成功地运用了这种认识。

在此同时,人类也对生物杂交的现象及其规律有了深刻的认识,并在生产实践中广泛运用了杂交的知识,培育出了大量的品质优良的杂交动植物。像中国农村常见的骡子,就是马和驴杂交的子代。中国劳动人民培育杂交畜禽类和作物的丰富经验,直到今天,还运用在农牧业生产中。这些宝贵和丰富的经验早就被总结在中国历代的许多农牧业专著中,如《齐民要术》(北魏,成书于533～544年,图1)、《天工开物》(明代,初刊于1637年)、《农政全

图1 《齐民要术》封面

书》（明代，初刊于 1639 年）、《授时通考》（清代，颁行于 1742 年）等，这是值得我们自豪的重要著作。

但是在中国，由于几千年的小农经济和这种经济的上层建筑——封建皇帝的极权统治，生产经验总结长期停滞在实践经验的水平。而到 17～18 世纪，当一些欧洲传教士来到中国，把自然科学介绍到皇帝面前的时候，皇帝们（如康熙）虽然也感兴趣，却只把这些科学知识看作是自己私人的财富，根本没有想要向全国老百姓推广，即使是向他们的状元和大官推广也不愿意。其实，哪怕是在科举考试中加考一点初等数学，肯定也能显著促进科学知识在人民大众中的普及！因此，当欧洲国家已经在进行工业革命，火车铁路开始建设，机械学、物理学、解剖学等自然科学蓬勃发展之时，中国还在手工打铁、木机织布、骑马送快件（当然是给皇帝和大官），甚至人抬轿子走路。在这种情况下，中国的皇帝大官们却还自以为天下只有我了不起，做着"天朝上国""外国都要臣服于我"的美梦。有个大家都知道的笑话，说清朝有个大臣为了拍慈禧太后马屁，从美国专门给她进口了一辆汽车，这位太后看见了竟问："它一天要吃多少草？"如此愚蠢的封建统治者就这样严重地阻碍了中国社会经济的发展，包括近代中国科学技术的发展。所以近代许多科学发现和发明，包括遗传规律的发现，都与中国无缘。

在欧洲，自然科学的发展，是中世纪（4～16 世纪）及之后的事情。在中世纪及以后两百年来，欧洲一些国家，像英国、法国、俄国、德国等已经有了国王们创办的大学和博物馆。同时，在宗教势力的鼓励下，拉丁语在整个欧洲的知识阶层中广泛普及，就像今天的英语一样，从小学就开始教拉丁语。拉丁语成为欧洲各国间宗教和科学的通用语言，使自然科学的研究和国际上的科学交流有了很好的条件。自然科学中的许多关键性的伟大发现，就是在那样的条件下成就的，如牛顿运动三大定律、哥白尼天体运行论、开普勒行星运动三定律等重要成果的发表，都是用的拉丁文。我国的多种中草药和药用植物，都被用拉丁文介绍到欧洲。许多自然科学的刊物，如《圣彼得堡科学院学报》，也是用拉丁文出版的。现代生物的学名和药名使用拉丁文，就是那时流传下来的。此后，虽然拉丁语逐渐被欧洲各国自己的语言取代，但是崇尚科学研究的传统还是在欧洲延续下来。

到了 19 世纪，有一些大学教授和知识分子已经在从事生物学包括植物杂交的研究，并有了不少的进展，甚至德国诗人歌德都发表过关于植物变种的文章。

1822 年，英国的哥斯（John Goss）就报道了杂交豌豆的显性和隐性性状及性状的分离。这可能是关于豌豆性状遗传现象的第一次报告。1823 年，奈特（T. A. Knight）也做了类似的报道。但他们都未能对此给出解释。

1835 年，德国的冯·摩尔（H. von Mohl）利用早在 16 世纪已发明的显微镜，报告了细胞分裂的现象。

1838 年至 1839 年间，德国的施来登（M. J. Schleiden）和施旺（T. Schwann）提出了细胞理论，第一次指出所有生物体都是由细胞构成的。第二年，波希米亚（今捷克）的浦肯野（J. E. Purkinje）提出了"原生质"（protoplasm）这个名词，这个词被一直使用到今天。

1848 年，德国的霍夫麦斯特（W. Hofmeister）画出了分裂中的细胞核染色体的图，但他不知道它的意义。

1849 年，英国的欧文爵士（Sir R. Owen）提出了种质的概念，认为种质是细胞内一种能一代一代地传送到下一代去的东西。同年，法国的居莱（G. Thuret）在一种盐藻中第一次观察到了可进行同配的有性生殖（配子接合成为合子），后来他又证明卵子只有和精子结合后才能发育。

1858 年，德国的魏尔啸（R. Virchow）提出"一切细胞来自细胞"，指出地球上所有的细胞都是从远古的细胞传代来的。当然这一论断过于绝对。

1859 年，英国达尔文的《物种起源》出版。在这本书中达尔文大量地描述了动植物的杂种；但他没有能阐明物种杂交的本质。达尔文当时竟没有"细胞"的概念，在他的书中找不到"细胞（cell）"这个词。这本书对于遗传学如果一定要说有什么贡献的话，最多也只是通过描述动植物的杂种,为遗传学家提供研究素材。

1863 年,法国的哥德隆(D. A. Godron)和诺登(C. V. Naudin)各自独立报道了他们的植物杂交实验。但他们的思想只是从实验事实推想出来,而不是像以后孟德尔那样计算出来的。

要知道,在 19 世纪,人们是没有"生物分子"这个概念的,而且当时都把植物的红绿颜色和大小形状看成一种特性,像一个人会唱歌跳舞的"特长"一样,根本与"数量"沾不上边。无怪乎 1865 年,当孟德尔在奥匈帝国布吕恩(Brünn,今捷克布尔诺 Brno)自然科学协会会议上发表他的豌豆杂交实验结果的时候,听众竟全都莫名其妙,没有人能搞懂这些结果。

孟德尔对植物杂交的研究结果:孟德尔定律

格里戈尔·孟德尔(Gregor Mendel,图 2)是经典遗传学的奠基者,也是唯一一位创立了一门自然科学的业余爱好者。他于 1822 年出生在奥地利(后为奥匈帝国)西里西亚(现在的捷克),在布吕恩的一所天主教修道院当修道士。他上过自然科学类的大学,又在当地中学教过自然科学,有很深的科学功底。虽然他并不是职业的自然科学家,但他热爱自然科学,特别是植物学,和当地的许多科学研究者经常交往,还和他们一起创立了布吕恩自然科学协会。他还和奥地利的一些大学教授经常通信。

孟德尔在修道院的菜园里种了一些豌豆,和他的手下人精心培育,做了多年的植物杂交实验。每次收获杂交豆子,他都要按照颜色和形状等特征

图 2　在布尔诺修道院里的孟德尔雕像

把它们分类，一粒粒数过，记录数目，再进行计算。他发现，两种豌豆（一种是黄色、滚圆的，另一种是绿色、皱缩的）杂交以后，长出来的杂交豌豆除了原来的黄圆和绿皱外，还多了两种新的豆子：一种是黄色但皱缩的，一种是绿色滚圆的，而且这四种杂交豌豆的数目还有一定的比例。这就像是这两种性状竟会分离开来，这用"性状是特性"的观点无论如何是没法解释的。孟德尔做了很多次这个实验，结果都一样。他再选了植株的高和矮等其他性状进行杂交实验，结果也表示这些性状可以在后代分离开来。

有天才思维能力的孟德尔发觉，他正面对一个极其重要的发现。他感悟到，如果假设植物的性状是由一个个相对独立的"因子"控制、每个因子各自控制一个单独的性状，在杂交后代中它们保持完整，只是进入不同的后代植物，他的这些实验结果就能得到圆满的解释。他按照这个思路研究下去，得出了两条规律：

第一，植物的性状是由独立的遗传因子控制，这些因子在植物后代中保持完整并可以分离。

第二，性状的控制因子在后代中的分离和组合是完全自由的。

我们拿豌豆来说明这两条规律。

第一条规律说明，豌豆形状的圆形是由一个因子控制，皱形由另一个因子控制。这两个因子在豆粒中共同存在，只有一个能表现它的作用。如果圆形因子起作用，豆粒就是圆的；如果皱形因子起作用，豆粒就是皱的。起作用的那个，孟德尔叫它做"显性"；反之叫"隐性"。豆粒里面的颜色也是由这样的因子控制。"颜色因子"和"形状因子"在豆粒里各自独立，所以互相可以搭配，如"黄色因子"和"圆形因子"搭配，豆粒就是黄色滚圆的，如它和"皱形因子"搭配，豆粒就是黄色皱缩的。第二条规律说明，在这些因子传递到下一代时，因子和因子的组合是完全自由的。所以豌豆的后代可以有黄圆、黄皱、绿圆、绿皱 4 种，也就是这些性状因子的所有可能的搭配。

现在我们知道，孟德尔所发现的"因子"其实就是基因，也就是有遗传效应的 DNA 片断。在 19 世纪那样一个连生物分子都还没有发现、科学家们对植物性状没有任何数量观念的时代，孟德尔只通过自己简单的种植和杂交实验，就能发现这些具有根本重要性的遗传物质的存在，并且准确地确定了它的性质，这是何等天才的思维和分析能力！因此，为了纪念这位伟大的遗传学奠基者，生物科学界把这两条规律叫做孟德尔分离规律（定律）和孟德尔自由组合规律（定律）。

1866 年，孟德尔以《植物杂交的研究》（*Versuche über Pflanzen – Hybriden*）为题，在《布吕恩自然科学协会会议录》上发表了他的长篇研究论文。有的科学史说这本会议录发行量小，实际上，这本会议录被世界上一百多所大学的图书馆收藏。孟德尔了解他的发现的重要性，所以他又订购了 40 册他的论文的单印本，几乎全都寄给了当时有名的大植物学家。但是，孟德尔的论文竟没有人感兴趣，没人作出反应。这只能是由于他的成果大大超出了当时科学界的思维水平，不被那些科学名人赞同。当时欧洲很有名的植物学家、孟德尔的朋友卡尔·威廉·冯·内格里（Carl Wilhelm von Nägeli）教授居然劝孟德尔不要再做杂交研究了。1868 年，孟德尔被选为修道院院长，杂事缠身，此后就再没有做过杂交研究。

直到孟德尔 1884 年去世，他的论文还是如石沉大海，没有引起任何反响。

即便如此，孟德尔还是相信，他的结果终究是会得到人们理解的。他曾对朋友表露过这种心情。这是一个认真诚实的科学家所抱有的坚定的信念。终于在 20 世纪初，孟德尔的论文被三位遗传学家各自独立发现，他的结果也得到了他们的证实。孟德尔的理想最终实现了，虽然他自己没有能看到这一天。现在，这位伟大的遗传学家、遗传学的奠基人，一直受到全世界科学家们和后人的尊敬和崇高的纪念。

　DNA 的发现

我们现在回过头来，看看 DNA 是怎样被发现的，人们又是怎样发现它就是孟德尔的遗传因子,也就是基因。

在孟德尔发表遗传研究成果的同时,细胞研究和与医学有关的化学(当时叫做"医化学")的研究也在进行着。"医化学"本来是和遗传学不相干的一门学问,欧洲从中世纪就开始有了。在 19 世纪末,医化学家还只发现了蛋白质的化学成分,知道蛋白质含有硫,但还不知道细胞里除了蛋白质还有什么东西。

1869 年,有个叫弗里德里希·米歇尔(Friedlich Miescher)[1]的年轻大学生对这个问题非常感兴趣。他原来在瑞士莱茵河畔的巴塞尔上大学,后来到德国图宾根(Tübingen)大学去做著名的医化学家霍佩·赛勒(F. Hoppe – Seyler)教授的研究生。霍佩·赛勒叫他研究白细胞的细胞核成分,看在细胞核里能发现什么。做这样的实验需要有大量的白细胞,可是当时还没有培养细胞的方法。米歇尔突发奇想,他到医院里去收集开刀病人用过的绷带,取上面的脓作为提取白细胞核的实验材料,因为当时已经知道,脓是死亡的白细胞。那时还没有抗生素和抗菌药,外科病人开刀后伤口百分之百要感染化脓(可见那时在欧洲的医院里开刀多么可怕),医院里脓是要多少有多少,脓绷带恶臭冲天。米歇尔自己也说,那并不是好受的,所以他也知道不用那些实在太腐臭不堪的绷带,这倒是帮助了他能得到完整的细胞核。米歇尔总算从绷带里洗下了一大堆脓细胞,制成悬液,再加入稀盐酸、胃蛋白酶和乙醚,以消化脓细胞里的蛋白质。而难被消化的脓细胞核就沉淀在容器底。要知道,当时没有离心机,只能把溶液放置一段时间,让密度较大的物质自己沉淀下来,像浑水里的泥沙沉淀到桶底一样。米歇尔这样描写他制备的细胞核:在显微镜下"完全是纯的细胞核,轮廓圆滑,内含物均一,每个细胞核里都有一个清晰的核仁,不过比一开始看起来要小些"。米歇尔从他的脓细胞核里提取了一种具有特殊性质的物质,他把它叫做"核质(德文为 Nuklein)"。"核质"是酸性的,酸性比当时已知的任何生物物质都要强。

现在我们知道,这种酸性是由米歇尔的提取方法造成的,因为胃蛋白酶需要酸性环境,他的细胞核提取剂里使用了稀盐酸,这使 DNA 的磷酸基团酸化。在生理条件下,染色质和 DNA 都是中性的。

米歇尔发现,他的"核质"含有大量的磷,而当时科学界却认为活体内几乎不含磷。他又发现核质几乎不含硫,因此它不可能是蛋白质,所以这是一种新物质。这个发现太不一般了,所以米歇尔的导师霍佩·赛勒一开始根本不相信米歇尔这个 25 岁的"小年轻"的发现,直到两年以后的 1871 年,霍佩·赛勒自己重复做了米歇尔的实验,证实了他的结果,才同意发表。这一年米歇尔回到了他的家乡巴塞尔继续学业和对核酸的研究。他发现莱茵河里的冬鲑鱼的成熟精巢(在中国俗称"鱼膏"或"鱼白")是"核质"更好的来源。他在提纯的鱼精子头部不但发现了酸性的"核质",而且发现"核质"和一种碱性的蛋白质结合在一起。他把这种蛋白质起名叫"鱼精蛋白(德文 Protamin)"。他把他提取"核质"时的情形写信告诉朋友说:"提取核质的时候,我早上 5 点钟就到实验室去……溶液放置不超过 5 分钟,加无水酒精后的沉淀放置不超过 1 小时。我常常这样一直干到深夜。只有这样做,我才能最后得到磷含量恒定的产品。"后来,科学界就把米歇尔的"核质"改叫做核酸(nucleic acid)。

为什么米歇尔一定要证实他的核酸的磷含量是恒定的(就是说,不管用哪里来的细胞、提取多少次,得到的产品的磷含量都是相同的)呢?这是因为,只有证明这一点,才能说明这不是混合物,而是纯粹的单一物质。化学里有这么一条定律:一种纯物质的组成成分无论何时何地都不变。这叫"定组成定律"。

米歇尔发现核酸后,他的发现经过多位科学家的验证。十年后的 1881 年,查哈利亚斯(E. Zacharias)把米歇尔的提取方法用到显微镜观察上,他把酸性胃蛋白酶溶液滴到显微镜载玻片上的青蛙红细胞上去。他也发现胃蛋白酶把细胞质去除了,留下细胞核。纤毛虫类如草履虫也是如此。这些细胞核能溶于碱。在分裂中的花粉母细胞里也发现,染色体能抵抗胃蛋白酶,细胞分裂中产生的纺锤体却被分解消失。这提示染色体的主要成分就是核酸,而纺锤体的成分是蛋白质。细胞分裂的过程,我们后面就讲。

1889 年，阿尔特曼（R. Altmann）发明了一种提取核酸的新方法，能得到完全不含蛋白质的核酸产品。这使得核酸的组成成分迅速被分析出来。结果发现，除磷酸外，核酸还含有两种有机碱，嘌呤和嘧啶；以及一种糖，叫做脱氧核糖。1914 年，德国医化学家福根（R. Feulgen）用品红亚硫酸试剂染显微镜切片，发现细胞核能被染成红色；此后证实染成红色的是含有脱氧核糖的核酸，也就是米歇尔发现、阿尔特曼提纯的那种。按照它的组成成分，这种核酸就被叫做脱氧核糖核酸（deoxyribonucleic acid，DNA）。福根的染色法现在有时还用来在显微镜下鉴定 DNA。这里补充一点，使用品红亚硫酸试剂时，如果目的是要检测 DNA，就要添加过碘酸，至少要把反应液调到酸性，才能得到可靠的结果，不然可能就是有 DNA 也看不出，因为这种试剂要把 DNA 分子弄断才能检出它。

另有一种核酸在细胞核和细胞质里都有，所含的糖与脱氧核糖不太一样，叫核糖，因此被叫做核糖核酸（ribonucleic acid，RNA）。核糖核酸对酸、碱都不稳定，容易分解。再后来，又发现这两种核酸含有相同的嘌呤，但有一种嘧啶不同。

至此，科学家们已经搞清楚，细胞核中存在的含磷物质就是 DNA。但是当时完全不知道它在生物细胞里起什么作用，更不知道它的分子结构。

这里还要说明一点。米歇尔用来提取细胞核和核酸的方法是有很大缺陷的。现在我们知道，DNA 在像胃蛋白酶所需要的强酸性溶液中不稳定，它的分子结构可能被破坏（脱嘌呤、双链解开——变性甚至分子被弄断）。当然，DNA 断了正好使用品红亚硫酸试剂，但我们提取 DNA 时总希望它的分子是完整的。因此，现在我们提取核酸都要用能维持 pH 为中性（7.5 ~ 8）的缓冲液，绝不能用稀盐酸。现在提取核酸时用来去除蛋白质的试剂是用缓冲液调到中性的苯酚、氯仿和中性去污剂。在米歇尔的时代，人们对核酸的存在都一无所知，更不要说它们的性质了，所以米歇尔的提取方法终究还是一个了不起的创造。

[参考文献]

1. Dahm R. *Discovering DNA：Friedrich Miescher and the early years of nucleic acid research* [J]. *Hum Genet*. 2008 Jan；122（6）：565 – 581

第三章

基因的结构和功能

X 射线晶体学和 DNA 的结构

下一个问题是：既然基因就是有遗传效应的 DNA 片断，而 DNA 是单一物质，组成成分又只有嘌呤、嘧啶、脱氧核糖和磷等几种，那么它到底是怎样代表生物体多种多样性状的呢？

这也是当时研究生物化学的科学家们非常感兴趣的一个问题。有很多人想到，秘密非常可能就隐藏在 DNA 的化学结构里面。因此，许多研究物质结构的科学家就把研究方向指向了 DNA。

那时 X 射线晶体学得到了很大的发展，用 X 射线衍射方法（图 3）已经测定了许多简单有机化合物的立体结构。而且已经搞清楚，嘌呤和嘧啶（这两者简称"碱基"，它们的分子形状都是平面）在和核糖或脱氧核糖以及磷酸连接起来形成"核苷酸"的时候，碱基分子的平面和核糖及脱氧核糖的分子平面互相垂直，但它们怎样一个个再连成 DNA 分子还不知道。因此，X 射线晶体学家也想用这种方法来测定 DNA 的分子结构。

对 X 射线，我们都不会陌生。体检的时候，医生常用它做透视，以便发现肺里的病灶。X 射线其实是一种光。我们知道，光具有像水波一样的波动性质。当光（X 射线）射过排列很整齐的物质微粒（晶体）时，

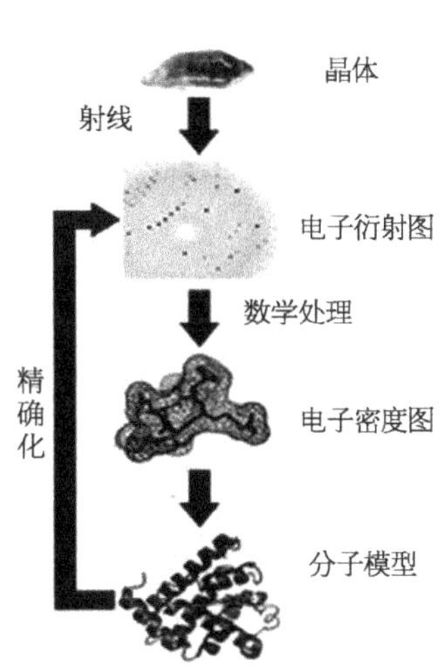

图 3　X 射线晶体学的原理

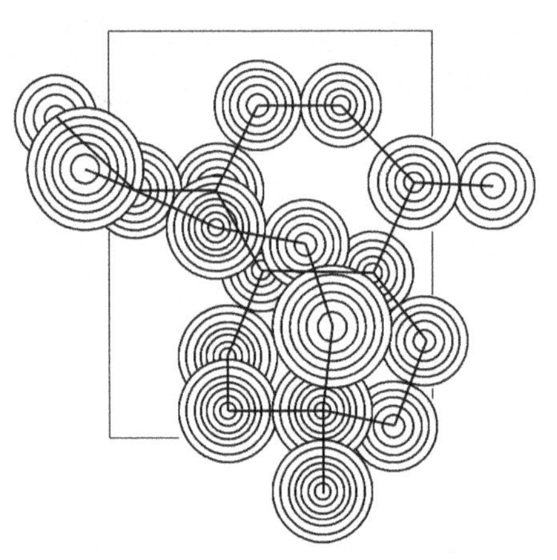

图 4　青蒿素分子的电子密度图

它的波动会发生有规律的变化，叫衍射。而且这些变化可以用仪器(有点像普通照相用的带胶卷的照相机)记录下来，得到一种很漂亮的图像，像万花筒的图像一样，叫做电子衍射图。这些变化反映了 X 射线所通过的物质微粒的排列规律。然后，对衍射图进行数学分析，就能得到分子的立体图像。这种立体图像表示在分子里各个原子周围飞速运动的电子在原子附近出现的概率，像云雾一样，有稀有密，叫"电子密度图"（图 4）。电子密度图中的一圈圈的曲线，和地图上的等高线一样，表示不同的电子密度；同一根曲线上的电子密度相同。把分析结果做成分子模型，就可以得知组成晶体的物质分子的精细结构。这就相当于把组成晶体的分子"放大"了成千上万倍甚至上亿倍。

因此，要用 X 射线晶体学来分析 DNA 的结构，关键是要把 DNA 做成结晶。但是，DNA 和糖、盐那样的简单化合物不同，甚至和蛋白质也不一样。糖、盐、蛋白质都能形成结晶体，DNA 的浓溶液却是像鼻涕一样黏糊糊的，怎么也成不了像糖、盐和蛋白质一样的结晶。但是，科学家们是善于动脑筋的。结晶的本质是分子形成整齐的排列。对于没法把它们结晶的线型分子，只要想办法让它们"排"起"队"来，不也可以形成整齐的排列吗？我们知道，如果几根长线不互相缠结，那么只要把两头抓在一起一拉，就把它们拉成整齐的平行排列了。科学家们也就用"拉长绳"的办法，把 DNA 浓溶液像拉牛皮糖似的拉成长丝；幸好在分子水平上，DNA 不会像绳子一样打结。英国年轻的 X 射线晶体学家、当时在伦敦国王学院工作的罗莎林德·富兰克琳（R. Franklin，见下页图 5）和威尔金斯（M. Wilkins）等人想了种种办法，例如控制 DNA 溶液的含水量，经过反复的努力，果然得到了接近结晶态的 DNA 丝，用它做 X 射线衍射实验，得到了可以做数学分析的衍射图。他们对衍射图做了计算，结合前人的研究结果，推论出 DNA 分子具有以下的特点：

第一，DNA 分子是螺旋状，螺旋的直径为 20Å（"Å"读"埃"，$1Å = 1 \times 10^{-8}$ 厘米，即 1 亿分之 1 厘米）；

第二，核苷酸相互连成长链并缠绕成双股，碱基在双股螺旋的内面，磷酸基团在螺旋外面。

这两条已经大概刻画出了 DNA 的分子结构。根据这些事实，同样结合前人的研究

图 5　罗莎林德·富兰克琳

结果，富兰克琳和威尔金斯的同事沃森（J. Watson）、克里克（F. Crick）用搭建 DNA 分子模型的方法对 DNA 分子的精细结构做了进一步推断，并且确认了两条链上碱基的存在严格遵循这样的规则：腺嘌呤（adenine, A）必定和胸腺嘧啶（thymine, T）相对，并通过两个氢键互相连接；鸟嘌呤（guanine, G）必定和胞嘧啶（cytosine, C）相对并通过三个氢键互相连接，这就是"碱基配对原理"（图 6）。我们现在知道，这是 DNA 最重要的性质。而且，RNA 碱基和 DNA 碱基之间也遵循相同的碱基配对原理；只是 RNA 特有的尿嘧啶核苷酸（U）与 A（不管是 RNA 的 A 还是 DNA 的 A）通过氢键配对。这里要解释一下，氢键是一种分子或化学基团相互连接的方式，是通过一个基团上的外部氢原子和另一基团的氮或氧原子的外部电子云（飞速旋转的电子）形成的化学键。氢键一般是牢固的，但温度升

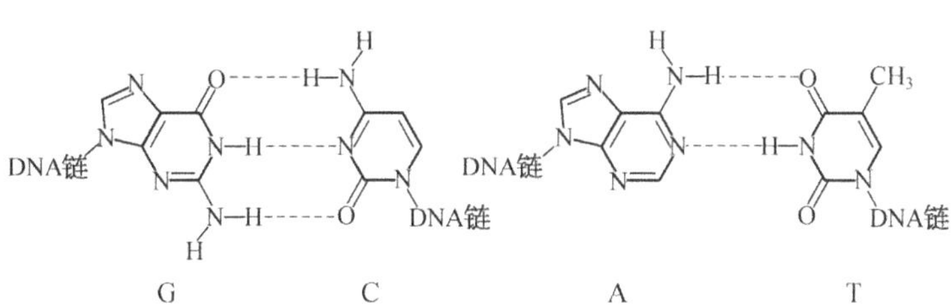

图 6　碱基配对原理

高可以把氢键拆开。我们把 DNA 的氢键被拆开的现象叫做"变性"。请读者记住这个名称，以后我们还会提到它。

1953 年春天，沃森、克里克、富兰克琳和威尔金斯提出了关于 DNA 分子结构的假说：DNA 分子是由两条多聚核苷酸链通过碱基配对互相缠绕成的螺旋形双链（图 7），碱基处于螺旋内部并与螺旋轴垂直；磷酸基团处于螺旋外侧；碱基配对遵循 A – T、G – C 的规则。在他们的简短论文中，他们强调已注意到了这样的分子结构在遗传中的作用。他们的三篇论文同时发表在国际科学杂志《自然》（*Nature*）1953 年 4 月 25 日的第 171（总 4 356）期上[1~3]。

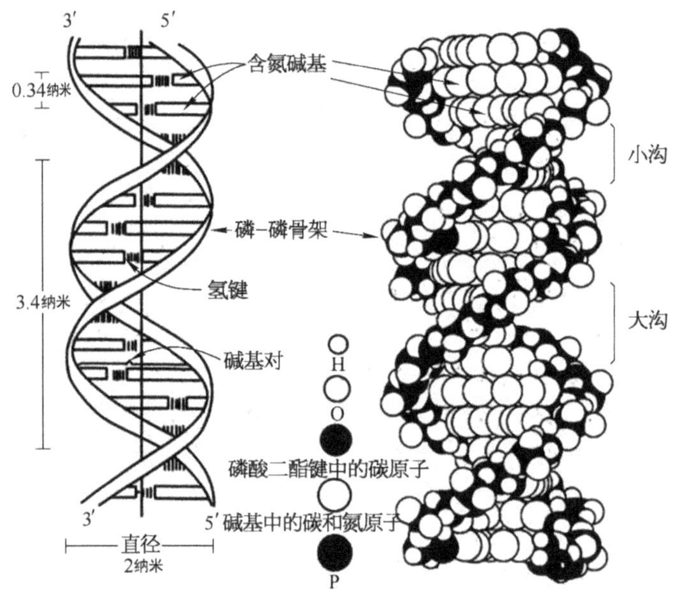

图 7　DNA 的立体结构

由于沃森、克里克、富兰克琳和威尔金斯等科学家脚踏实地的研究和密切合作，他们提出的 DNA 结构是完全正确的，很快就得到了国际科学界的证实。1962 年，沃森、克里克和威尔金斯为此获得了诺贝尔生理学或医学奖。可是，对确定 DNA 结构做出至少同样重大贡献的富兰克琳却没有得奖：非常不幸，她因患癌，于 1958 年，仅 37 岁就英年早逝了。为了纪念这位杰出的年轻女科学家,2000 年,英国伦敦国王学院命名了"富兰克琳－威尔金斯大楼";2004 年,美国原芝加哥医学院更名为"罗莎林德·富兰克琳医科大学";2008 年,美国哥伦比亚大学追授她露伊莎·格罗丝·霍尔维兹生物学或生物化学纪念奖。

DNA 测序

与研究 DNA 的结构几乎同时,蛋白质的结构也在研究中。科学家已经知道,蛋白质的分子是线型的,构成蛋白质的小分子是氨基酸,一共有二十几种。1951～1952 年,英国科学家桑格(F. Sanger)证实,一种小分子蛋白质——胰岛素含有两条由各种氨基酸连接起来的链(叫做多肽链),并测定了这两条链的氨基酸排列顺序(序列)。因此,蛋白质的性质就是由组成多肽链的氨基酸的排列顺序决定的。所以生物遗传的信息应当隐藏在某种能够储存这些序列的生物分子中。

很明显,DNA 中四种碱基沿着 DNA 分子排列的顺序,即碱基序列,能够像英文字母的排列顺序一样千变万化,具有几乎无限的储藏信息的能力。因此,DNA 的结构确定以后,科学家们立刻想到,最可能的储存生物性状等一切信息的结构,就是 DNA 的碱基序列。因此,DNA 结构确定之后,随之而来的任务就是如何测定 DNA 的碱基序列。

DNA 分子又细又长,所包含的碱基对多得令人难以相信。人 DNA 分子的长度是 2～3 厘米,含有的碱基数目达 10^9。因此,当时测定 DNA 序列困难极大。科学家想出了能够想出的几乎一切办法,多半是利用核酸酶把 DNA 切短,再用各种层析法分离短片段。不用说,这样效率太低。这样不觉过了十多年;直到 20 世纪六七十年代发现聚丙烯酰胺凝胶电泳对蛋白质和核酸都有极高的分辨率,尤其对于核酸,可以把长度相差一个碱基的 DNA 和 RNA 分开,才使得 DNA 测序方法有了重大突破。1975 年,英国的桑格和寇逊(A. Coulson)发明了利用 DNA 聚合酶测定序列的方法。1977 年,美国的麦克森(A. Maxam)和吉尔伯特(W. Gilbert)发明了化学降解法。这两种方法都是在四种碱基的位置造成 DNA 片段（用酶或化学试剂），用聚丙烯酰胺凝胶电泳分离这些片段；事先把 DNA 的一端接上放射性磷，使这些片段带放射性，电泳后把 X 射线胶片和电泳凝胶叠在一起，带放射性的 DNA 片段就会显现在胶片上，即放射自显影图，由此可以直接读出碱基序列。

新的 DNA 测序法极大地推动了 DNA 序列测定，许多基因的序列被迅速测出。最先被测出的是噬菌体和一些细菌的 DNA 序列，由此推动了一种人工改造基因方法的出台，这就是分子克隆。分子克隆就是把已知序列的 DNA 片段人工插进另一些 DNA 中，让它们一道在生物体内"生长"，从而给生物带来新的性状。不过，这种技术当时多用于保存基因供研究用，或让细菌制造我们需要的蛋白质。这些我们后面再讲。

由于酶法测序更简单、更安全（化学法用的主要试剂硫酸二甲酯和肼都是强致癌物），现在已经没有人用化学法了，都是用酶法测序。而且近年来国内很多生物技术公司可以提供测序服务，价格低廉，这对于科学研究是一件大好事。科学家再也不用自己动手辛辛苦苦地测序了；而公司因为可以同时给多数用户测序，也显著提高了工作效率。分子克隆技术和计算机技术的应用更使 DNA 测序的威力前所未有地增强。就是在这些技术蓬勃发展中，20 世纪八十至九十年代，由美国科学家倡议，发达国家美、英、德、法、日等和属发展中国家的中国的科学家协作，实行了"人类基因组计划"，经过整整 10 年的发奋努力，成功测定了人类细胞的全基因组的序列（参考序列，因为只测定了一个人种中的少数人，而世界上不同人种的 DNA 序列是有少量差别的），并把所有结果公开给全球的科学家使用。这是自从遗传学诞生以来最伟大的科学成就，这一成就大大减轻了全世界的生物科学工作者的劳动强度并加快了研究工作的进度：原来必须自己动手进行的许多工作，现在只要打开计算机上网就能知道结果了。

读者可能会问：DNA 序列都测出来了，还有什么好研究的呢？殊不知，第一，这些序列中包含什么基因，都还没有搞清楚；第二，哪些基因有些什么功能，大部分也都还不知道；第三，不同的人种和不同的人的部族，他们的基因也有差别，而这些更是没有搞清楚的；第四，基因的序列如果有些微变化（"突变"），会引起什么后果，现在也还有太多的问题不知道；第五，现在人类的疾病，特别是各种肿瘤，都和哪些基因或者哪些 DNA 序列有关系、有什么关系，很大部分还没有答案。如此等等的"不知道"还可以举出一大堆。因此，生命科学家要做的事还多得很，恐怕几十年上百年都做不完。

这就产生了一门新的生命科学学科——"生物信息学（bioinformatics）"，就是以人类参考基因组为对象，使用计算机程序进行研究工作。由于计算机的集成电路是用硅制造的，这就催生了一个新词"在硅片中，或在计算机上"——in silico（近代学者创造的新拉丁文：silicum——硅），与从前的 in vitro（在体外、在试管内，古代拉丁文 vitrum——玻璃，试管）和 in vivo（在体内，古代拉丁文 vivum——活体）相对，代表用生物信息学方法做研究。至于为什么前面添了个 in，后面的词尾要变成 o，就留给读者自己去找答案吧！

21 世纪初，一种原理和以前的测序技术很不一样的新的测序技术——下一代测序（next generation sequencing，NGS）出现了。下一代测序法是把要测定的 DNA 片段的一端或两端固定在小塑料片上，把这些片段"变性"即弄成单链，再用"依赖 DNA 的 DNA 聚合酶"（下文马上会讲）去合成与单链互补的 DNA。每合成 1 个碱基，就把这个碱基的信号记录下来，同时还要记录这个碱基在塑料片上的位置。当然这些工作必须通过电子设备来做。这样就可以同时测定几十万个 DNA 序列，但是每个序列（叫"读段"）都非常短，一般只有七八十个核苷酸，最多也不过一二百个，还有相当一部分是废品。因此，测出的序列读段必须经过计算机程序的处理，除去废品，才能用于序列分析；这样的序列分析还需要和已经测出的基因组序列（叫"参考基因组"）进行比对，这就要求掌握专门的计算机技术，这些技术软件的操作系统绝大部分不是我们日常惯用的 Windows 操作系统，而是另一种叫做 Linux 的操作系统。比起 Windows 系统来，Linux 操作系统有很多优点，例如一切计算机病毒都不能侵害 Linux。

　　下一代测序是人工无法进行的，这种方法一出现就是"机械化、电子化"的仪器——测序仪，价格也相当昂贵。而且使用下一代测序还需要掌握 Linux 操作系统及其附属的生物信息学软件，这是需要一定时间来学习的。因此，笔者希望现在的有志青年多花点时间掌握几种计算机操作系统，不要把宝贵的时间浪费在玩电脑游戏和手机游戏上。

　　下一代测序只有在人类基因组计划完成后，在人类的基因组全序列已经公布后，才有实用价值。现在使用下一代测序技术，比起以前的酶法、化学法等，是方便得多了。而且使用下一代测序技术测出的数量极其巨大的序列资料，已经可以保存在专门的计算机数据库（如美国的 NCBI）中，免费提供给世界科学家使用，这已经并且必将极大地促进全世界的生命科学研究。

染色体和细胞分裂

　　既然基因就是 DNA，那么 DNA 是怎样藏在染色质和染色体当中的呢？

　　我们知道，细胞是透明的，用显微镜看天然的细胞，看不清里面有什么结构。因此，科学研究者们很早就试着用各种植物色素来染细胞，想看清细胞里有些什么细胞器。苏木精是最常用的一种碱性染料，它是从一种叫苏木的树木里提取出来并经过加工后制成的。研究者发现，细胞里有一种分散在细胞核里的物质，能用苏木精碱性染料染成蓝紫色，看起来像晴天上的乌云一样，非常明显。这种物质就被叫做"染色质"。而且，当细胞即将发生分裂的时候，染色质会逐渐变成一条条的东西，每一条都有一定的形状和大小，而且总是成双成对（图 8）。这些东西

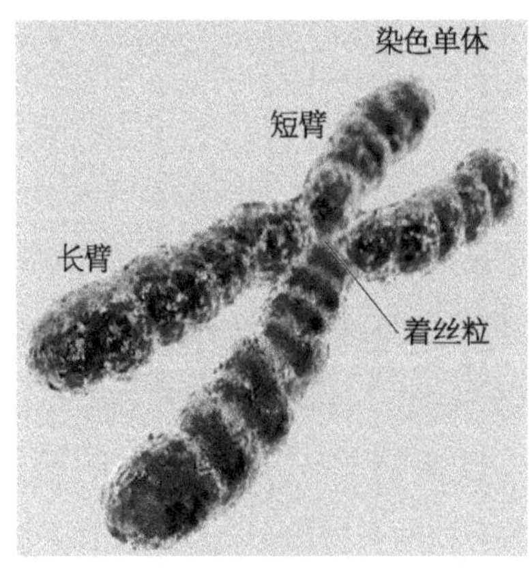

图 8　染色体的结构

同样能被苏木精染成蓝紫色,所以叫"染色体"。一对染色体中的一条叫做"染色单体"。

有丝分裂

细胞在生长的时候,它所含的蛋白质和 DNA 等就不断增多。当细胞长到两倍体积的时候,细胞里就开始一系列的分裂前变化:控制分裂的各种功能蛋白大量合成,细胞核的包膜逐渐消失,DNA 逐渐断开、聚集、变成染色体,这些染色体的数目对每种生物都是严格固定的,而且两两成对(这里说的不是一个完整染色体的两个染色单体,而是说两个完整的染色体有同样的形状)。这样形成的染色体数目是细胞没有生长时数目的一倍——实际上,这两组染色体正是上一代从母体和父体带过来的那些染色体的复制品。从父亲来的染色体和从母亲来的染色体两两形状一样,叫做"同源染色体"。

细胞继续分裂进程,两组成对的染色体渐渐聚集到细胞(这时细胞核已经消失,整个细胞变成一个"水泡")的中部,并且每条染色单体的当中都出现了一条细丝。这些细丝的另一头连着靠近"水泡"一端的一个位点。这样,整个细胞就像一个"灯笼",那些细丝就像灯笼的"骨架"一样。这些细丝聚合成的东西叫"纺锤体"(不过笔者倒觉得还不如叫灯笼架好);细丝叫"纺锤丝"。然后纺锤丝开始收缩,所有的染色单体都分别被纺锤丝拉着向"大水泡"的两头移动,一边一半。大水泡的中间开始收缩变细,最后断开,同时各自的染色单体(这时每一边的染色体又恢复到细胞没有生长时的数目)扩散、变得模糊,最后消失,变回分散的染色质,细胞核重新出现,这样就完成了细胞分裂的过程(见下页图9)。由于在分裂中出现纺锤体和纺锤丝,这种分裂叫做"有丝分裂"。动植物身体的细胞("体细胞")都是这样分裂的。

生殖细胞的分裂却比体细胞复杂得多。我们知道,高等动物和植物绝大多数都是分成两性——雄性和雌性(当然,人类分为男性、女性),各有其特殊的专管生殖的细胞,雄性生殖细胞叫精子(动物)或花粉(植

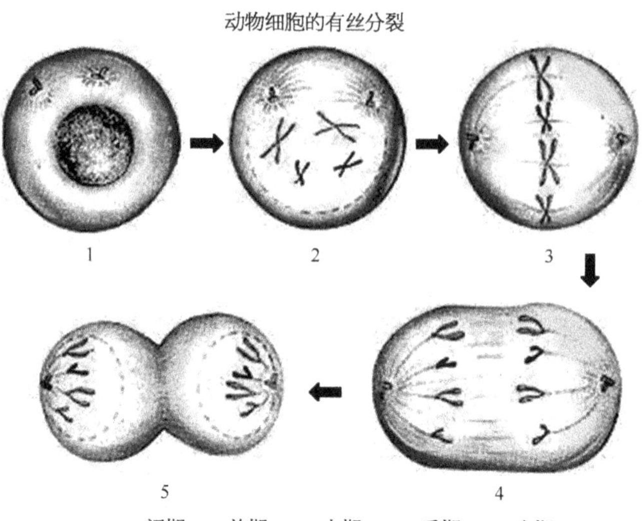

图 9　细胞的有丝分裂

物),雌性生殖细胞叫卵子(动物)或胚珠(植物)。这种生殖方式就是有性生殖。植物的有性生殖又比动物的有性生殖更复杂。为了让没学过这些知识的读者容易理解生殖过程中的细胞分裂现象,特别是这种分裂和有丝分裂有哪些不同的特点,这里笔者就只简单讲讲人的有性生殖中精子发生的过程。

减数分裂

精子是在专门的器官——睾丸里,通过特别的分裂方式——减数分裂而产生的。睾丸里有许多精原细胞在不断分裂增殖,发育成精子。精原细胞先变成初级精母细胞,然后开始精子的制造。下面的细胞分裂就和体细胞的有丝分裂大不相同了。

初级精母细胞中也出现染色体,也是两两成对,但是这些染色体刚出现时是细长的,和体细胞染色体胖胖的形状不同,而且染色体的数目和精原细胞里的染色体数目是一样的,也就是说没有加倍(每条染色体所含的染色质的量倒是增加了一倍)。然后最特殊的变化出现了。两个同源染色体互相靠拢,联合在一起,形成一个大的染色体,包含有 4 条染色单体。

这 4 条染色单体两条来自父方,两条来自母方。在这过程中,4 条染色单体逐渐变粗,同时纠结在一起,父方的染色单体的一个节段和母方的染色单体的一个节段互相交换,母方节段连到父方染色单体上去,而父方节段则连到母方染色单体上去。这就好像把一根锁链的几节铁环拆下来,把另一根锁链同样位置的铁环也拆下来,然后互相交换再连接回去一样。这样就重新形成了两个染色体和四个染色单体;但每个染色体的染色单体都嵌上了另一染色单体的一段。到底在染色体的什么位置断开和连接,是完全自由的,在哪儿都可能;断开和连接很多段也是有的。这个变化基本完成后,各个染色单体就分别连上纺锤丝、聚拢到细胞中部、再向两边移动,细胞中部收缩、断开,一个细胞变成两个。由于这个细胞原来染色体数目就没有加倍,所以分裂后形成的新细胞的染色体数目,只有原来的一半。因此,我们把这种分裂叫做"减数分裂"(图 10),形成的新细胞叫做"次级精母细胞"。

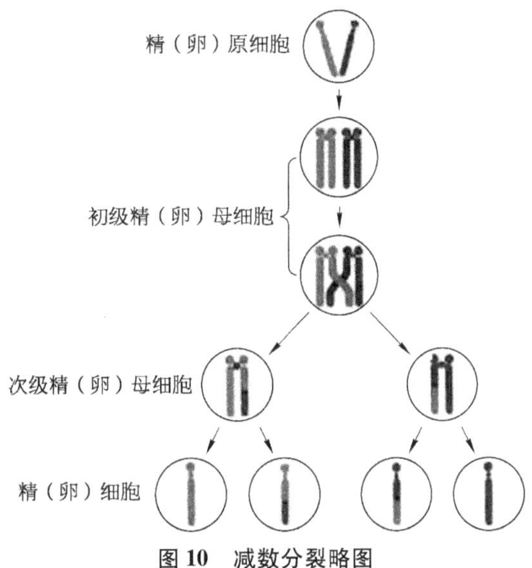

图 10　减数分裂略图

两个次级精母细胞再分裂一次(这时染色体还是没有加倍,是原来的染色单体),就变成精细胞,每个精细胞含有一个原来的染色单体的染色质,即精原细胞染色质的一半。精细胞经过一些变化就成为成熟的、能像蝌蚪一样活泼游泳的精子。

卵母细胞的减数分裂和精细胞相似，但最后只生成一个成熟的卵子，也只含有母方的一半染色质，被从卵巢排出到输卵管里，等待受精。受精时，父方的一半染色体和母方的一半染色体组合，因此受精卵的染色体数量又变为正常了。

人（和动植物，以及其他生物）的细胞分裂过程是如此复杂，更是如此的精密！这样复杂的过程有条不紊地进行，没有半点差错！在伟大的自然界面前，我们不得不顶礼膜拜！人在奢谈"人定胜天"之前，一定先要好好向自然界学习！

四　染色体、基因和 DNA

细胞分裂和染色体的发现

这还得从 19 世纪说起。

细胞的发现要比遗传规律的发现早得多。在本章开头已经提到，还在 1835 年及以后几年，细胞和细胞分裂现象已经被用显微镜观察到了。在一些大学教授们研究植物杂交和育种的时候，另一些科学家和自然科学爱好者正在醉心于研究动植物细胞的结构和繁殖。到 19 世纪末，对于细胞结构、精子细胞和卵子细胞以及受精、细胞核内的染色体等，已经有了相当清晰的了解。

1875 年，德国的施特拉斯伯格（E. Strasburger）出版了一本书，名叫《细胞形成和细胞分裂》，登载了他自己画的植物细胞分裂的图，清楚地描绘了细胞分裂中的纺锤体。1882 年，德国教授瓦尔特·弗莱明（Walther Flemming；注意：不是那位发现青霉素的英国科学家，后者名叫亚历山大——笔者注）也写了一本《细胞质、核和细胞分裂》，书中收集了他此前多年的细胞学研究结果，用自画的插图详尽地描写了细胞有丝分裂的过程。就是他首先在观察中使用了油浸物镜来提高放大倍数、用碱性染料对细胞进行染色，并观察到染色质（chromatin），这个名字也是他起的。而"染色体"（chromosome）这个词，则是在 1888 年由德国解剖学家冯·瓦尔德耶哈尔茨（W. von Waldeyer – Hartz）创造的。也就在这个时期，细胞有丝分裂的各个阶段，包括它们的名称，都逐渐得到了公认。

孟德尔遗传定律的重新发现引起了轰动。在英国，贝特逊（W. Bateson）写文章说，遗传学应当是园艺研究的课题，并竭力推介孟德尔的发现。在美国，细胞学家卡农（W. A. Cannon）指出，孟德尔的定律是有细胞学基础的。他"大胆"地提出了自己的细胞分裂和染色体假说，可惜是错的。此后有很多美国研究者参与讨论，控制动植物性状的"遗传因子"到底是什么东西。研究者们探索"遗传因子"的本质时，所依靠的理论基础就是孟德尔定律。虽然用植物做的遗传学研究仍然继续着，但此后却是昆虫遗传学的研究取得了轰动的成果。基因的物质基础最先是在昆虫细胞里找到的。

我们要强调一点。上面讲过，精子只带有父亲的一套染色体，卵子只带有母亲的一套染色体。受精后，这两套染色体就被包含在同一个受精卵里。也就是说，后代生物细胞都含有父亲和母亲的各一套染色体。由于 DNA 复制的极高精确度，同一个后代个体的所有细胞里的染色体 DNA 都是完全相同的，而且和父亲、母亲的各一半染色体 DNA 也几乎完全相同。但是，不同的个体之间，染色体 DNA 还是会有很小的差别。这些差别就像不同的人的指纹一样，虽然都有"斗形"和"箕形"，但形状还是各不相同。这些异同点就是基因科学能用于鉴别个体和鉴定亲子关系的基础。

昆虫遗传学和摩尔根团队

美国的一批科学家：卡农、威尔逊（E. B. Wilson）和他们的学生萨顿（W. S. Sutton）在观察生殖细胞成熟过程时，发现了和孟德尔的发现非常相似的现象。

萨顿观察了一种大蚱蜢的精原细胞的染色体。他发现，减数分裂后的精子和卵子各自携带两个染色单体之一，如 A 或 a；而子代细胞的染色体就有 3 种类型：AA、Aa、aa，分别占有总数的 1：2：1。这正好与孟德尔在豌豆中发现的情形一样。结合其他的观察，萨顿给出结论：生殖细胞分裂中的现象和遗传现象具有相同的特点，即性状和染色体都是自由传代的。在这些观察的基础上，萨顿等人提出：控制生物性状遗传的物质可能就存在于细胞核的染色体上。他们的假说以后获得了多方面的证实。这样，科学家们向着寻找基因的目标迈出了决定性的一步。

另一个重要的发现是基因的"连锁"现象。英国贝特逊等人发现，香豌豆花的蓝花基因和长花粉粒基因总喜欢一起显现，这两者在子代同时显现的次数（也就是开带长花粉粒的蓝色花），比按孟德尔自由组合定律应该有的次数多得多，或者用比较"专业"的话说，出现的"频率"高得多。这就使人想到这两者似乎存在特别的联系，就像是有根线把它们连在一起。这个现象被他们叫做"合子偶联"，现在叫"连锁"。连锁现象暗示，基因似乎是成线状排列的。当然，到底这根"线"是什么，是真有还是想象，那时都还是个谜。

基因和细胞核染色体的关系，是通过研究果蝇的性状遗传和突变而最终确定的。

果蝇到处都有，是一种娇小的"苍蝇"，比普通的苍蝇小得多，也比苍蝇"干净"得多。它们不吃粪便。它们身体是棕黄色的，长着两只大复眼——一般是红色的，其身体的特征性状很明显。它们喜欢吃各种腐烂的果子，在果园中落地烂掉的果子上经常可以看到它们。果蝇很容易养，只要拿熟烂了的香蕉加水搅成糊给它们吃就行。它们繁殖也很快，因而发生性状变化（"突变"，如眼睛的红色变浅）的可能性也很大（见下页图 11）。这些都比豌豆和其他植物好得多。在美国，20 世纪初，就有人已经开始饲养果蝇供实验用。那时研究者们已经确定果蝇细胞有 4 对染色体（还记得吧，前面讲过，体细胞的染色体都是成双成对的）。而孟德尔用来做实验的豌豆有 7 对染色体。果蝇的染色体数目比较少，意味着做数学分析可能比较容易。这些特点都使得拿果蝇做实验材料来寻找基因本质非常合适。

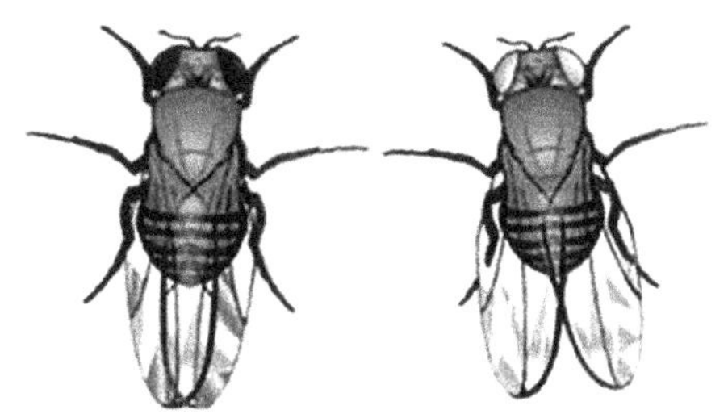

图 11　果蝇及其突变:注意眼睛颜色由深变浅

1904 年,美国哥伦比亚大学教授摩尔根(T. H. Morgan)注意到了果蝇的特点,开始在实验室里用玻璃瓶大量饲养果蝇,人工让它们交配繁殖,观察它们的性状变异,从而开创了基因研究的新阶段。不过,虽然说起来简单,观察果蝇也不是一件容易的事。要在几千只粗看都差不多的小虫中找出突变的性状,例如哪只果蝇眼睛颜色变浅了、翅膀卷起来了,非得长时间"目不转睛"地盯着它们不可。而且,还得准确地统计出后代果蝇的总数和发生每种突变的果蝇的数目,计算分析每种性状出现的频率,算错了一点,结论就可能极不相同。而且,孟德尔只观察了很少几种性状,摩尔根等人却观察了好几十种性状,显然摩尔根等的工作量比孟德尔大得多。因此,这件事如果不是有浓厚的兴趣——打个不太恰当的比喻,就像迷恋上网的少年那样——是绝对做不好的。

摩尔根和他的研究生们在观察分析果蝇的性状遗传和突变的时候发现,果蝇有四组基因各自同时出现的频率很高,也就是说各自连锁着,而组与组间同时出现的频率很低,即连锁程度小得多。这和果蝇的四对染色体暗暗相合。他们对果蝇的突变发现得越多,这种组内连锁的现象就越明显。因而他们提出了一个非常大胆但完全合乎逻辑的假说:果蝇基因的每个连锁组都对应于一对染色体,也就是说,基因就是染色体上的某种结构。而且,他们对此作了进一步的深入研究:既然基因是染色体上的结构,那么每种性状的基因都应该在某个染色体上有自己固定的位置。因此,摩尔根研究团队就企图根据他们所发现的基因的连锁程度(以频率数值表示),来把基因在每个染色体上的位置确定下来。他们把这叫作"作图(mapping)",定位后画出来的图就叫"遗传图(genetic map)"。这里还有一些复杂情况,如交叉(cross – over),笔者就不讲了。总之,运用自己的头脑和眼睛,摩尔根研究团队成功地解释了一系列复杂的现象,终于在 1915 年发表了《孟德尔遗传的机制》一文,第一次绘出了果蝇的 50 个基因在 4 个染色单体上的定位遗传图。以后他们又把新发现的突变的位置添加到遗传图上去,基因图上的基因越来越多。现在仅 1 号染色体就已经知道含有五百多个基因。这样,基因和染色体的关系就确定下来了:基因就在染色体上,或者说,基因是一段染色体。

摩尔根研究团队的另一个强项,就是他们同时进行着遗传学和细胞学的研究,这就使得他们能即时对实验结果进行分析和得出结论。在英国,贝特逊做了 20 年的孟德尔遗传学研究,都没有和染色体沾过边。后来在 1921 年他到摩尔根那里去访问,才大吃一惊。他后来写道:"我在主要点上没法不投降……细胞学在这里如此普通,每个人都熟悉它。我们也这样就好了。"1935 年,摩尔根获得了诺贝尔生理学或医学奖。

研究微观现象的科学家应当具有的一种本领或素质,就是要能根据对宏观现象的定性和定量的分析,推论出决定这些宏观现象的微观原因。和孟德尔的研究方法一样,摩尔根及其研究团队从果蝇基因的连锁现象推出基因是染色体上的结构,也是这种本领的一个光辉的范例。这只有彻底地实事求是,依靠对事实的精细观察,同时善于进行准确的定量数学分析,才可能达到。

在 20 世纪 20 年代,在果蝇遗传学的研究中还有两个重要发现。一个是:有时一整个染色体或一个长的染色体节段会从原来的位置折断下来,转移到别处去。染色体或染色体节段的这种"转位"是由布里吉斯(C. B. Bridges)等人发现的。另一个发现是 X 射线辐射对小鼠性状遗传的影响。李窦(C. C. Little)和巴格(H. J. Bagg)发现,大剂量的 X 射线辐射能打断染色体。染色体的断片有些会重新连回到原处,但多数会连错地方。而且被打断了的染色体碎片在细胞核分裂时很容易丢失。因此,放射线对细胞的遗传学效应就是大大提高下一代的突变率(所以放射线会致畸形或致恶性肿瘤）。至此,基因就是细胞核染色体上的某种结构,已经得到证实。

下一个问题是:染色体又是一种什么样的东西呢? 当时(1934 年)在美国,摩尔根研究团队已经对果蝇的染色体做出了遗传图,也就是基因定位图。得克萨斯大学的彭特(T. S. Painter)等人就拿我们在本章第三节讲过的福根染色法,去染果蝇唾液腺细胞的染色体。他们惊讶地发现,在染色体上已经定位的基因区带的位置,染上了红色! 这就证明,作为遗传的物质基础的基因,就是 DNA! 就这样,经过不同国家许多遗传学家、细胞学家和医化学家(我们最好还是把他们叫做"生物化学家")的共同努力,基因的物质基础终于被找到了。

现在我们可以解释孟德尔分离定律和孟德尔自由组合定律了。原来,孟德尔的"遗传因子"就是染色体上的一段 DNA,这一段 DNA 负责生物体的一种性状。染色体上的各段 DNA 可以在各种功能蛋白质的作用下断下来,并跟别的 DNA 节段相互交换,这种交换就发生在生殖细胞形成过程也就是减数分裂的过程中。DNA 的断开和再连接都是完全自由的,这就在后代造成了各种性状的彼此分离和自由组合。

孟德尔的遗传定律孤单地躺在图书馆里,一躺就是 34 年;而从孟德尔定律被重新发现到确认基因的具体物质,也正好是 34 年。从此以后,孟德尔遗传学的正确性和科学基础已成为无可争辩的事实。基因及其功能的作用机制和分子基础的研究,乃至以此为基础的分子生物学的研究,就开始了蓬勃发展的时期。

DNA 的复制及其精确度

每个细胞都有它的 DNA,作为这个细胞所有遗传信息的"储存库"。因此,每当细胞生长和分裂的时候,DNA 也要"生长"。但是 DNA 的生长并不是像我们眼睛能看到的动植物的生长那样,慢慢地变大。DNA 的生长就是简单地"一个变两个、两个变四个"。这个过程叫做"DNA 复制"。

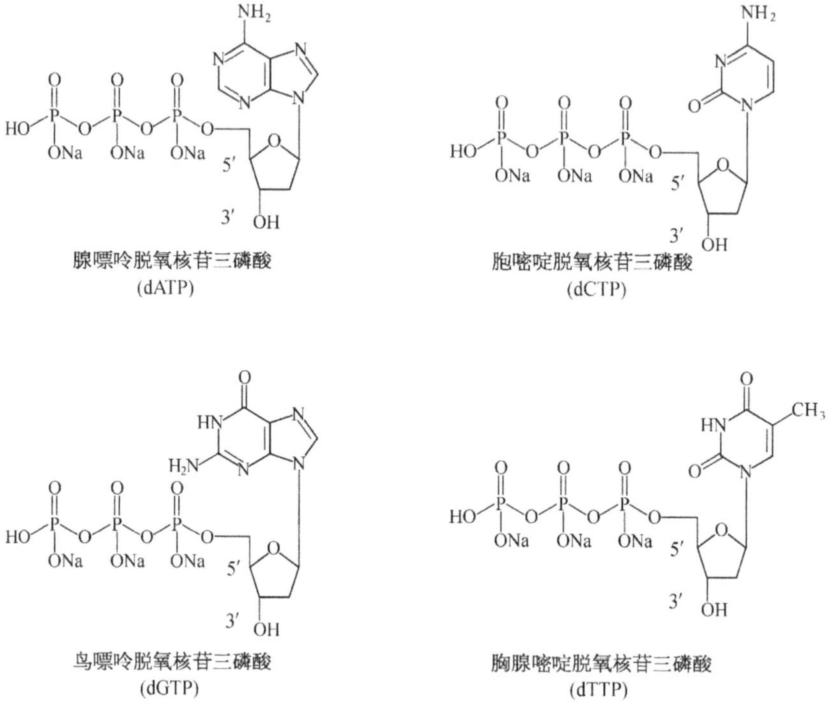

腺嘌呤脱氧核苷三磷酸
(dATP)

胞嘧啶脱氧核苷三磷酸
(dCTP)

鸟嘌呤脱氧核苷三磷酸
(dGTP)

胸腺嘧啶脱氧核苷三磷酸
(dTTP)

图 12　四种脱氧核苷三磷酸

DNA 是四种核苷酸按碱基配对规则连接而成的双链螺旋。这里我们要详细解释一下这四种核苷酸（图 12）。这四种核苷酸是由嘌呤或嘧啶（就是碱基）连上一个核糖分子，核糖分子上又连上一个或几个磷酸分子构成的。核糖分子上有 5 个羟基，都编了号，从 1 到 5。和碱基相连的那个羟基是 2 号，和磷酸分子相连的羟基是 5 号。因此，当构成 DNA 链以后，科学家就把 DNA 链的两端也编了号，和核糖的 5 号羟基连接的那个磷酸分子所在的一端，叫做"5'端"（"'"读"撇"——笔者注）；核糖分子还有一个 3 号羟基，和 3 号羟基连接的磷酸分子所在的一端就叫做"3'端"。这两个端头的性质可不一样，我们在讲 DNA 复制的时候就要讲。而且，参加 DNA 复制的那四种核苷酸，"尾巴"上拖着的磷酸分子不是一个而是 3 个，所以叫做"脱氧核糖核苷三磷酸"。这些核苷三磷酸的磷酸 - 磷酸键里，储存着大量的化学能量，像压紧了的弹簧一样。这些能量是供 DNA 形成新链时用的。在合成 DNA 的时候,化学能像弹簧弹出似的释放出来,同时脱氧核苷三磷酸"尾巴"上的后面两个磷酸分子(连在一起的两个磷酸又叫焦磷酸)就脱落掉,而头一个磷酸分子就和下一个核苷酸的核糖上的 3'羟基通过磷酸二酯键共价连接起来。因此,DNA 合成(复制)是从 5'端向 3'端进行的。

如果 DNA 单独存在,就是说除了它和它的四种核苷酸以外没有别的东西,那它是根本不会动的,可以说是没有生命的。只有 DNA 周围还有相应的功能蛋白质——与 DNA 相关的"酶"存在着,当这些酶活动起来的时候,DNA 才表现出生命。这里,DNA 说到底是比较"被动"的,而跟 DNA 相互作用的酶才是比较主动的。当然,这一切都要在水中进行。如果把细胞核比喻成"工厂",酶就是工厂里的"工人",而 DNA 则是"产品"。

有好几十种酶和其他功能蛋白质参加 DNA 复制,其中最主要的是"依赖 DNA 的 DNA 聚合酶"。在这些酶和功能蛋白质的联合作用下,DNA 的双链首先被解开成为两条单链;然后,一些与 DNA 单链区互补的短 RNA 片段在特定功能的酶的作用下被转移到 DNA 单链并和它结合,这条单链就作为 DNA 复制的"模板";继之,预先被集中到 DNA 单链区来的四种脱氧核糖核苷三磷酸就在依赖 DNA 的 DNA 聚合酶的引导下,被安装到 DNA 单链区与它们互补的核苷酸的位置,第一个脱氧核糖核苷三磷酸与短 RNA 片段通过磷酸二酯键共价连接,同时丢掉一个焦磷酸分子。注意,由于 DNA 复制总是从 5'端向 3'端进行,DNA 两条链中的一条上的合成可以连续进行,但另一条链上的合成却不能连续进行,只能一段一段间断地进行。这样就在这条新合成的双链上造成许多缺口。这些缺口就由专门的"修补工"——DNA 连接酶负责补好。

这样,脱氧核糖核苷酸不断地按碱基互补规则连上去,就使那条互补的 DNA 链越来越长,最后与作为模板的 DNA 链一样长。这时,先前被结合到模板链上去的短 RNA 片段就被专门的酶清除掉;出现的缺口也被另一些酶补平。至此,DNA 复制(见下页图 13)才算大功告成。

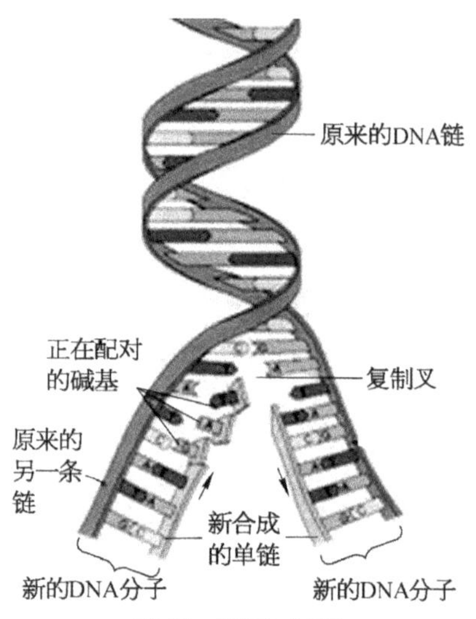

图 13　DNA 复制

　　在整个复制过程中，DNA 复制的精确性是由多种酶类控制的。这些酶类比人类社会的任何工人都更加"负责任"，在它们的精密监管下，DNA 复制具有令人无法想象的极高精密度。具体说，即使 DNA 复制反复进行 100 万次，也难得弄错一个碱基！无怪乎地球上的每一种生物都能把自己的特征性状完美地遗传到下一代，也因此人类的单卵双胞胎的兄弟或姐妹是那么相像，以至于根本分不出谁是哥（姐）、谁是弟（妹）。

　　当然，自然界的变化是复杂的。DNA 复制虽然精确度无与伦比地高，但也还是会出一点错。这些错误大部分情况下于生物无害，这就造成物种中的个体差异。但是也有的时候，环境因素会造成 DNA 复制发生对生物有害的错误；这些就是遗传病和肿瘤的起因。这些事情，我们以后还会讲。

✿ 遗传密码与蛋白质合成

自然界的"密电码"——遗传密码

　　由于蛋白质是由氨基酸依次连接而成的，而蛋白质的遗传信息就藏在 DNA 里，所以 DNA 结构被发现后，科学家们立刻就明白，氨基酸的信息肯定是藏在 DNA 的碱基序列中，就像老式电报的电文隐藏在密电码中一样。那么这些碱基序列是怎样储存氨基酸的遗传信息呢？科学家就在破解 DNA 遗传密码上大动脑筋。

1961 年，克里克发现一个氨基酸的密码可能由三个核苷酸构成。几年后，美国的尼伦伯格（M. Nirenberg）团队和科拉纳（H. Khorana）团队，通过精心设计的实验，终于成功地"破译"了所有 20 种氨基酸的"密电码"——遗传密码（图 14）。这是一个非常了不起的科学成就。以后又发现，全世界的所有动植物，以及大部分微生物，都使用同样的一套遗传密码，从此自然界的一个重要秘密被人类揭开了。

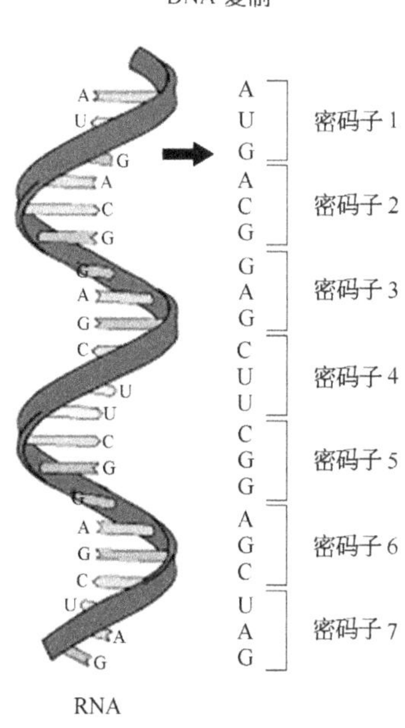

图 14　RNA 和遗传密码

遗传密码是 DNA 上的一串核苷酸序列，从起始码开始，每三个核苷酸代表一个氨基酸。这三个核苷酸叫做一个"密码子"。密码子和密码子之间没有间隔。最后一个密码子是终止码，表示这个蛋白质的链到此为止。每种氨基酸都有好几个意义相同的密码子，这些密码子的第三个核苷酸不一样，这是自然界为了适应环境的复杂变化而做出的巧妙安排。

核糖核酸和核糖体

我们的故事讲到这里，只讲了 DNA，还有一类核酸没有细讲；只是在第一章最后一部分中提过一句。但是，这种核酸和 DNA 同样重要。它就是核糖核酸，简称 RNA。

遗传密码是怎样变成蛋白质的氨基酸序列的呢？这单靠 DNA 是不行的。提纯的基因 DNA，只是试管里的一滴无色透明的黏稠液体，像一切化合物的溶液一样，没有一丁点的生命迹象。为了合成蛋白质，细胞需要一批功能蛋白质和功能核糖核酸，来执行翻译任务。按照 DNA 的密码信息合成蛋白质，叫做"基因表达"。这个名词我们将多次提到。

和蛋白质密码一样，RNA 的遗传密码也是藏在 DNA 的碱基序列里，不过简单得多：就是跟 RNA 序列互补的 DNA 序列。像蛋白质序列一样，也有类似起始码的调控序列，来控制 RNA 的基因表达。

RNA 也是由碱基、糖和磷酸连成的核苷酸，依次连成的一条长链。但是，它和 DNA 很不一样。它是一条单链，只是在同一条链上有些地方互补，因而缠绕起来变成局部的双链。它的碱基也是 4 种，其中 3 种（腺嘌呤 A、鸟嘌呤 G、胞嘧啶 C）跟 DNA 是一样的，但第四种不一样，叫尿嘧啶 U。它含有的糖分子也跟 DNA 不同，叫核糖，而不是脱氧核糖。RNA 的一个重要特点，就是能跟 DNA 的一条单链进行碱基配对，形成复合双链。配对的规则，rA 也配 T（前面的小写 r 代表 RNA 的碱基）、rG 也配 C、rC 也配 G，但 rU 是配 A。这是 RNA 发挥功能的基础。还有一个区别是，DNA 只有一种，而 RNA 有好几种，各自在基因表达中担任不同的任务。其中重要的有转运 RNA（又叫转移 RNA，简写 tRNA）和信使 RNA（或叫信息 RNA，简写 mRNA）。此外还有几种调控细胞功能的 RNA，如微小 RNA，就不讲了。

tRNA 分子是由六十多个到九十多个核糖核苷酸连成的单链。但是它的链上有好几处能自己跟自己配对，结果分子绞扭成像小学生用铁丝做的玩具手枪的样子（见下页图 15）。"手枪"的"枪口"（接受臂）可以跟特定的一种氨基酸结合。"枪柄"的末端（反码臂）有 3 个核苷酸，正好和 mRNA 上该氨基酸的密码子互补。一种氨基酸就有一种 tRNA，专门负责跟这种氨基酸结合。所以 20 种氨基酸就有 20 种 tRNA。tRNA 的功能是在蛋白质合成的时候，把氨基酸安放到由遗传密码指定的位置上。

把 DNA 基因上的遗传密码"拷贝"下来的是 mRNA。执行这个任务的功能蛋白质——"依赖 DNA 的 RNA 聚合酶"（后面还要讲）操控着把 DNA 上的密码转变为 mRNA，其实就是严格按照要合成的蛋白质基因 DNA 的碱基序列来合成 RNA，得到一条这样的 mRNA，它含有和那个蛋

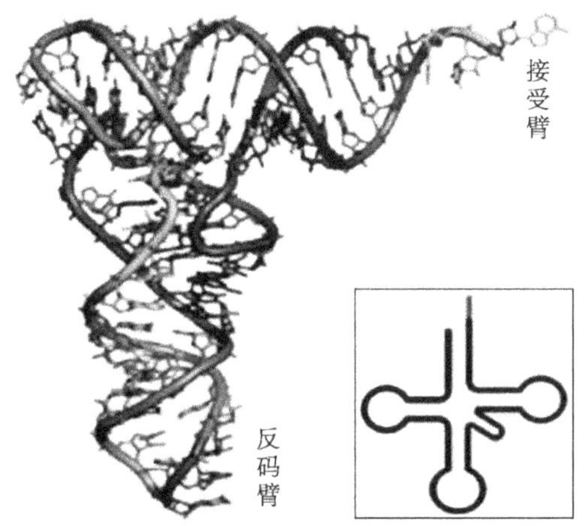

图 15　根据 X 射线晶体学研究画出的 tRNA 分子模型

白质基因的序列完全相同的 RNA 序列,叫"编码区"。此外,mRNA 在编码区两端还有两个不翻译但参与调控的区域,分别叫"5'非翻译区"和"3'非翻译区"。这个合成 mRNA 的过程叫做"转录"。

转录完成后,mRNA 就被从细胞核运送到细胞质里,蛋白质的多肽链就在这里合成。细胞质里漂浮着很多由几十种蛋白质和两三种 RNA 构成的球形的东西。这些"小球"总是两个两个地凑在一起,一个大些(叫大亚基),一个小些(叫小亚基)。它们叫做"核糖体"。核糖体是合成多肽链的"工厂"。

蛋白质合成的过程概要

蛋白质合成的中心任务,是按照 DNA 中储存的蛋白质多肽链的密码,准确无误地合成多肽链(见下页图 16)。这个过程是各种功能蛋白质——酶的通力协作的结果。

在细胞质里,专门的酶把氨基酸与它的 tRNA 连接在一起,准备合成时使用。当 mRNA 进入细胞质时,在细胞质里游荡的核糖体大小亚基就迎上去,把 mRNA 夹在中间;mRNA 在核糖体里并不是被包得紧紧的,而是有几处空隙让 mRNA 的部分序列露出来。连着起始氨基酸的 tRNA 就把"手枪柄"对着露出的 mRNA 靠上去,粘在核糖体的 A 位上,"枪柄"上

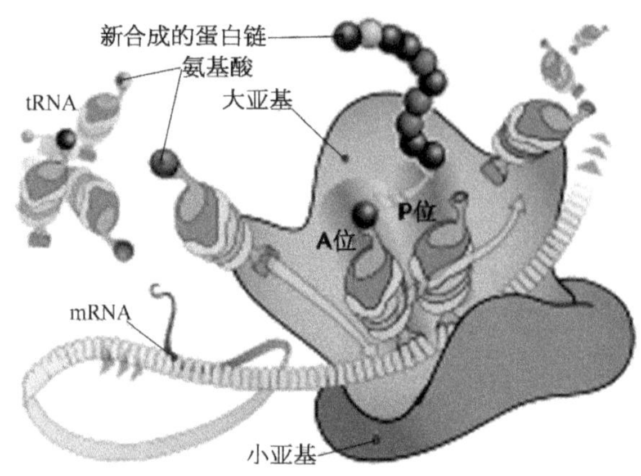

图 16　蛋白质合成

的三个互补码和 mRNA 上的起始码准确地合在一起。然后第二个连着氨基酸的 tRNA 同样靠上来，与 mRNA 上起始码后面第一个密码子精确结合，同时头一个 tRNA 带着它的氨基酸转到核糖体的 P 位。这时两支"枪"的"枪口"上的两个氨基酸就在核糖体上的酶的作用下互相连接。此后头一个 tRNA 从核糖体上掉下去，第二个 tRNA 转到原来第一个 tRNA 占据的位置——P 位，第三个连着氨基酸的 tRNA 又"停靠"上 A 位，核糖体的酶就使第三个氨基酸再连接在第二个氨基酸的后面。这个过程继续进行，多肽链就继续延长，直到 mRNA 上的密码全部用完、到达终止码时为止。最后，新合成的蛋白质多肽链就（当然还是在相关的酶的作用下）脱离核糖体，被运送到它要发挥功能的地方。而大小核糖体重新分开，再在细胞质里游动，去寻找下一条 mRNA。从 mRNA 到蛋白质的这个过程叫做"翻译"。

可见，蛋白质合成是一项极其精密的工作。细胞凭借它的非常复杂而高效的蛋白质因子和 RNA，能丝毫不差地把 DNA 中的基因序列转变为蛋白质的氨基酸序列。这样的精密度是人类的任何工厂车间和实验室无法达到的。正因为蛋白质合成的极高精密度，地球上现存的生物才能在长达几亿年的漫长的地质年代中维持自己的生存，并且不断进化发展。

DNA 就是这样，在全细胞的功能蛋白质的协助下，把携带的蛋白质结构信息不断实现为蛋白质产品。在这个过程中，基因起着"设计图"和"模板"的作用，它指导着其他所有功能蛋白质的工作；但是同时，它又是被动的，任凭那些功能蛋白质的"耍弄"和"摆布"。因此，DNA 和辅助它的各种 RNA 和蛋白质，是相互依存、缺一不可的关系。这种相互依存的关系就是细胞及其生命活动的基础。

DNA 和 RNA 病毒：生命的边沿

DNA 在单独存在的时候，是没有生命的；只有它和为它服务的功能蛋白质及 RNA 共同存在时，才可能表现出生命。这里我们就要说说体现了这一特点的一种东西——它介于生命和无生命的边沿，它就是病毒。

我们人类和动植物一出生，就有许多微小的东西——病毒粘在我们身上，说得准确点，是钻在我们的细胞里。同时也有些病毒从空气、水、土壤和其他生物跑到我们的身体里来。这些小东西是些"心怀叵测"的坏家伙，我们身体的抵抗力强，它们就缩着不动；我们身体抵抗力一弱，它们就兴风作浪，把我们的细胞搞坏。这些病毒小得连高倍显微镜也看不见，只能用电子显微镜看到。

目前，世界上已发现了五千多种病毒。病毒这种东西很怪，它们只是些蛋白质包着一根 DNA 或者 RNA。病毒 DNA 和 RNA 编码有自己的DNA 和 RNA 聚合酶、病毒外壳蛋白质和必需的调控蛋白质以及调控RNA。它们的形状也稀奇，有些病毒像个菠萝，有些像根玉米棒，还有的是个圆球，更有的像一顶皇冠。如果把这些小东西提纯，它们就是一些结晶体，跟我们吃的白糖、盐没什么两样，丝毫没有"活"的迹象。但是，如果它们碰上人和动植物的细胞，就立刻变成活的东西，显出"狰狞"的面目。它们会扮演细胞 DNA 或 RNA 的角色，诱骗细胞里的功能蛋白质"上当"，叫这些"老实巴交"的细胞蛋白质去帮它们制造病毒蛋白质和核酸，以致造出许多新的病毒，把细胞的养分消耗光，最后饿死细胞。如果细胞没死，病毒就会把自己的 DNA（RNA 病毒会把自己的 RNA 逆转录成DNA）和细胞的 DNA 连起来，使细胞 DNA 复制的时候同时也复制病毒的

DNA,这样实现"长期潜伏"在细胞内的目的。

如果病毒的坏处就是如此,那问题已经有点严重了。可是,情况偏偏不是这么简单。绝大多数病毒都会在复制自己的同时,干扰和破坏细胞的正常生理功能,使我们生病,许多还是大病,像天花病毒引起的天花。现在天花病已在全世界消灭,但美国和俄罗斯的两家研究机构经世界卫生组织允许还保留有天花病毒,笔者认为,这对于世界人民尤其是美俄两国人民可能还是一种危险,因为似乎不能百分之百地保证病毒不会泄漏出去。甚至世界上还有人担忧有些战争狂人把天花病毒制成生物武器,用来大规模屠杀人民。特别是,虽然有些病毒专门感染人,但许多病毒既感染人又感染其他动物,例如禽流感病毒和"非典"病毒。有些病毒如乙型肝炎病毒、丙型肝炎病毒、EB 病毒等,还会引起癌。可见病毒对我们人类的危害有多大。

由于病毒 DNA 和 RNA 都很简单,它们突变就很快;往往一种抗病毒抗体刚研制出来不久,病毒就突变了,这样就使抗体效力减弱甚至失效。

目前对于绝大多数病毒引起的疾病,中西医都有有效的治疗方法。但是,有少数特别"顽固"的病毒病如艾滋病,现在还做不到彻底治愈。因此,广大人民群众必须提高警惕,注意预防,特别是严格遵守道德规范,医院工作人员必须严格遵守无菌操作规程、严格检查献血者,以杜绝艾滋病病毒感染的可能。现在养"宠物"的人多起来了,有人竟把宠物狗、猫看成"亲人",和猫狗接吻、同床。这就必然增加动物携带的病毒感染饲养者的机会。有些侵犯呼吸道细胞的病毒如感冒病毒、鼻病毒等,可以通过戴口罩、少去人多的地方等措施来预防感染。笔者提出一个杀灭病毒的简单方法:病毒的核酸也好、蛋白质也好,都是不耐高温的,因此只要在沸水里煮几分钟到半小时,就能破坏("杀死")所有病毒。总之,病毒虽然狡猾,只要进行恰当的防治,是完全可以战胜它们的。

[参考文献]

1. Watson JD, Crick FH. *Molecular structure of nucleic acids:a structure for deoxyribose*

nucleic acid[J]. *Nature*,1953,Apr. 25;171（4356）: 737 – 738

2. Franklin RE, Gosling RG. *Molecular configuration in sodium thymonucleate*[J]. *Nature*, 1953, Apr 25; 171(4356);740 – 741

3. Wilkins MH, Stokes AR, *Wilson HR. Molecular structure of deoxypentose nucleic acids* [J]. *Nature*, 1953, Apr 25; 171(4356);738 – 740

基因突变、癌变和核事故

基因突变和遗传

基因是维护种族生存的根本要素，因而在关键方面是不变的，但是并不是一点也不会改变。相反，正是基因的变异，才促使生物包括人类不断进化，在进化中不断完善自己的身体和能力。我们一般把由于碱基的变化造成的 DNA 序列的永久性变化，叫做"突变"。

还在孟德尔遗传学重新发展的初期，基因突变就吸引了遗传学家的注意。20 世纪 20 年代，前面讲过的摩尔根教授曾经想证明突变是引起生物进化的原因。他用物理和化学处理方法促使果蝇突变，再拿处理过的果蝇来交配，观察是否有突变遗传到后代。在失败了很多次以后，摩尔根终于在上千只后代红眼果蝇中发现了一只眼睛变白了的雄果蝇（见本书第三章图 11）。他极其珍贵地养着这只果蝇，再使它和普通没有突变的红眼雌果蝇交配，得到的子一代果蝇都是红眼。拿子一代的雄红眼蝇去和它的"母亲"红眼蝇交配（这叫"回交"），得到的子二代果蝇果然出现了白眼的，它们的数目符合孟德尔定律。因此，摩尔根成功地证明了突变是发生在基因上的，并且对白眼基因进行了作图定位。实际上，"白眼"基因是一个隐性的基因，而"红眼"基因是相应的显性基因。关于显性、隐性基因，我们在第七章时还要讲。

除果蝇外，在所有动物和植物以及微生物中也都发现了突变。最容易突变的要数微生物，特别是细菌和病毒。基因突变加上生存环境的选择，就赋予了能生存的细菌以新的、有利于自己的种属生存的特性，最常见的就是细菌的抗生素抗性。许多医生有这样的体会：十几二十年前，青霉素对细菌感染很管用，有时只打一针就能完全控制感染。但是近几年来，为控制同样程度的感染，青霉素的剂量越来越大，直到肌内注射都不行，要用大剂量的静脉滴注，而且要连滴好几天才见效。这就是细菌基因即 DNA 发生突变，使得它们产生了抗药性造成的。而且这种抗药性是可以遗传的，一旦产生了抗药性，细菌就会把它遗传到以后各代，对医疗造成很大困难。说句似乎"多余"的话，最容易产生高抗药性细菌的场所是医院而不是家庭。因此，把抗生素定为只有医生才能决定使用的"处方药"恐怕不一定能解决细菌抗药的问题，虽然有的国家（如美国）也是那样做的。

细菌抗药性的常见遗传方式是通过质粒传递。

质粒是细菌体内一种环状的 DNA，通常带有抗药性基因。质粒和染色体 DNA 不同，它们比染色体 DNA 小得多，也不跟染色体 DNA 连在一起，而是独立存在于细菌细胞里。它们有的和染色体 DNA 一同复制，有的则"自管自"复制，而且可以复制得很多。质粒可以从一个细菌转移到另一个细菌。当然，科学家们也为质粒找到了用途：他们把质粒加以人工改造，使它们可以接受外来基因，然后就用它们来保存动植物基因，尤其是人的基因，以便研究，或者用于培育转基因动植物。这我们后面再详细讲。

遗传学家在人身上同样发现了许多基因突变。这些基因突变有一些不影响人的健康，只是改变人的外貌等个性，例如与毛发发育有关的基因发生突变后，会使人身上的毛发减少或增多，"毛孩"就是一例。"毛孩"的身体是完全健康的。甚至有的突变会增强人的健康或能力。但有不少基因突变后会使人生病，有的还很严重。如癌就与细胞中负责保持细胞正常表型的基因的突变有关。人血液中负责运送氧气和二氧化碳的血红蛋白，如果它的基因发生突变，就会造成多种贫血，有的还很难治好。此外，很多种遗传病都是基因突变引起的。1996 年以来，欧洲科学家建立了"人类基因突变数据库（HGMD）"，放在网上（http://www.hgmd.org），供世界非营利的科研单位使用。现在这个数据库收集了五千七百多个人类基因的十四万多个突变即基因损害，可用于分子遗传学研究和遗传病的治疗研究等。

突变的种类和原因

从突变的位置（"位点"）看，DNA 序列变化可以发生在基因内部，也可以发生在基因之间的节段里。从被突变的碱基数目看，可以是点突变，即单个碱基的变化，也可以是多个碱基一同变化。从变化的方式看，可以是碱基的缺失，即"缺失突变"；也可以是碱基的增加，即"插入突变"；还可以是碱基数目不变但种类变化，即"置换突变"。发生在蛋白质或核酸基因里的突变必定影响基因的编码，有人把它们分类叫"移码突变"即三联码读码框移位的突变；"整码突变"即三联码的三个核苷酸全都变掉；"置换突变"即三联码变掉一两个核苷酸但读码框不变；以及染色体"错配"和"不等交换"，即染色单体和本不该与它配对的另一染色单体配上，和两个染色单体中长度不相等的两段分别断下来，并连到对方染色体上去。

上一段说了一大堆名词，其实很简单，突变包括了 DNA 碱基所有可能的变化。

那么，DNA 突变究竟是怎样发生的呢？一句话，所有能破坏 DNA 碱基的因素，无论是物理的、化学的和生物的，都能引起突变。

生物因素引起的突变

第一类致突变因素是生物来源的，主要是病毒，特别是病毒中的一类——癌病毒。

癌病毒是外面包了蛋白质外壳的 DNA 或 RNA，它们感染人体、钻进细胞以后，很快就进入细胞核，趁细胞生长分裂之机，把自己的 DNA 插到人体细胞的染色体 DNA 上去，并和人的 DNA 一道复制。如果病毒的核酸是 RNA，这 RNA 本身会编码一种把 RNA 转变成互补的 DNA 的酶，叫逆转录酶。在进入细胞后，病毒 RNA 会作为 mRNA"欺骗"细胞的蛋白质合成机器,把它编码的逆转录酶合成出来;新合成的逆转录酶就把病毒RNA变成DNA,然后插入细胞染色体DNA。在插入过程中,病毒DNA往往会破坏插入位点的人DNA,在该位点引起突变,从而破坏人细胞的生理活动,甚至使细胞恶变——致癌。有很多种癌现已证实是癌病毒引起的,如在我国广东地区高发的鼻咽癌,就是一种叫做EB病毒的癌病毒引起的。

还有乙型肝炎病毒,可以在引发肝炎以后,在一小部分肝炎病人中引起肝癌。

实际上,人类自从出生开始,细胞里就带有某些病毒的基因(主要是逆转录病毒),这些基因作为人的DNA的一部分,跟其他基因一道复制,也随着细胞分裂遗传到后代。在大多数人身上,这些病毒基因可以在一生中都不被逆转录出来,就是说根本不活动。但是在少数情况下,例如受到放射线的照射或化学致癌物的攻击,这些逆转录病毒可能被激活,开始破坏细胞的正常生命活动,使人生癌。

化学因素引起的突变

第二类致突变因素是化学因素。许多化学物质能破坏DNA,在DNA分子中引起碱基序列的变化,这种变化能遗传到下一代。这些化学物质和DNA中的核苷结合,干扰正常的DNA复制,使得细胞的DNA修复酶系统不得不开动起来,把受损害的DNA修好。如果DNA没有完全修好,还带着和原来的DNA不同的碱基,那就是突变了。如果这些突变正好发生在控制细胞关键性的生命活动(如正常的生长、增殖、与周围的细胞维持正常的相互关系等)的基因里,那么,当这些突变通过细胞分裂遗传到下一代时,下一代的那些关键性的生命活动就要被破坏,产生一批胡乱生长、"挤兑"其他细胞的恶性细胞,也就是癌变。因此,这些引起突变的化学物质就叫做"化学致癌物"。

在我们的日常生活中,化学致癌物是很常见的。如果我们不注意,染上一些不良的生活习惯,就很可能受到化学致癌物的侵害。化学致癌物主要有下面几种。

1. 香烟中的化学致癌物　香烟导致的癌和死亡已经是无可争辩的事实。世界卫生组织估计,全世界每年都有 600 万人死于吸烟所致的癌,占总死亡人数的 1/10,同时有 60 万人死于被动吸烟(自己不吸烟但吸入了别的吸烟者吐出的烟)。科学家早就对烟草和香烟烟雾中的成分做了详细的分析。香烟烟雾中有几十种致癌物。

(1) 多环芳香烃:这是一类分子中有几个连在一起的碳原子环的化合物,在天然的石油和炼油产物(像沥青)中存在;烧烤食物和吸烟也会产生大量的多环芳香烃。它们一旦进入人体,就很难排出。而且,肝脏本来是人身上主要的解毒器官,但它对多环芳香烃的作用是不但没有将它们解毒,反而把它们变得更毒。这些化合物中最有名的就是苯并芘。苯并芘广泛存在于各种火烧烟雾中,它能永久性地和 DNA 结合,直接杀死细胞,或引起致癌的突变。还有一种叫丙烯醛,它是烟中辣味的来源,同时也是强烈的致癌物。丙烯醛在香烟中的含量比多环芳香烃多得多。香烟中的再一大类致癌物是亚硝胺类化合物。读者可能听说过这个名字,它们也存在于保存太久的腌菜里。亚硝胺类容易引起消化道的癌症。

(2) 放射性致癌物:烟草和香烟烟雾中含有放射性的铅(^{210}Pb)、钋(^{210}Po)和镭(^{226}Ra),这些都是强致癌物。每天吸一包半烟,就会受到比生活在核电厂附近所受到的辐射强几万倍的辐射量。这些放射性物质沉积在吸烟者的肺里,即使他以后戒了烟也消除不掉。

(3) 尼古丁(烟碱):尼古丁是引起烟瘾的主要化合物。尼古丁本身并不致癌,但它在体内能通过代谢过程转变为致癌物。尼古丁会阻止细胞在受到损害时的"自杀"(凋亡),从而有利于癌变过程。凋亡是细胞在受到修不好的破坏时,为了保护整体的生存而主动自杀的行为,对于生物的生存是非常重要的。如果细胞不能实施凋亡,那么就会带着被损害的分子如 DNA 继续增殖,造成下代细胞的突变甚至癌变。

2. 烧烤肉食中的化学致癌物　和香烟一样,烤羊肉、烤牛肉、烤鸡肉、烤鱼等烧烤食物虽然味美可口,但多环芳香烃类化合物的含量高。因此，人吃多了是有危险的。

　　3. 霉变食物中的化学致癌物　保存时间太长的腌渍蔬菜，尤其是明显发霉了的蔬菜，发霉的花生米和大米、玉米、面包、馒头，长霉的水果如橘子，都含有能引起细胞 DNA 突变的化学物质，如黄曲霉毒素等。当然，不同的真菌，含有的致癌物的量也不同；许多微生物还是帮人类制造食品的好伙伴，像酿酒、制造酱油、做豆腐乳等。但是，为了保险，有明显真菌生长的食品，包括豆腐乳，还是少吃为妙。还有一种有些人喜欢吃的东西，就是臭豆腐，这东西长满了白蓝绿黑各色霉斑，非常可能含有化学致癌物，建议大家不要碰它！须知化学致癌物是油煎除不掉的！

　　有的人会反问："我吸了那么多的烟，吃了那么多的烤羊肉串还没事，你怎么说这些来吓唬我？"朋友！要知道：第一，化学致癌物要接触 DNA，并且和它发生化学反应，才会有致癌的可能，而这是需要一定的过程的；第二，化学致癌物要累积到一定的数量，才会暴发出致癌效应；第三，癌变的初期是没有可觉察的症状的，而这个过程可能很长，长到几十年。当你被检查出生了癌的时候，也许已经是中期或晚期了！当然，如果采取正确的治疗手段，癌症并不是不治之症。可是，是生了癌再来治好，还是根本不生癌好？相信每个人都明白！

物理因素引起的突变

　　第三类致突变因素是物理因素。我们都知道，晒多了太阳，或者照多了用来消毒的紫外线灯，皮肤会发红、发炎，眼睛也会痛。这是因为太阳和紫外线灯发出的紫外线伤害了我们的皮肤和眼睛。

　　紫外线灼伤的正是我们细胞的主要成分，也就是 DNA、RNA 和蛋白质。

　　科学家早就发现，DNA、RNA 和蛋白质都能大量吸收紫外光的能量。DNA 和 RNA 主要吸收波长为 260 纳米的紫外光能，蛋白质主要吸收波长 280 纳米的紫外光能。这些生物分子吸收了大量的光能量后，分子结构就会被弄断，这样就造成皮肤和眼睛的发炎。当然，偶尔受到紫外线灼伤只是引起局部的炎症,还不要紧;这时,我们细胞里的 DNA 修复酶等修复系统就开始工作,努力把 DNA 断链修好,并合成新的蛋白质。但是,如果紫外线太强,或者同一部位受到照射的次数太多,就会使那里的 DNA 和 RNA(特别是 DNA)分子被打断得太厉害,DNA 链虽然勉强接上了,但和原来的链序列不一样,这就造成了 DNA 突变。这些突变就可以和化学致癌物造成的突变一样,通过细胞分裂遗传下去,造成后代细胞的变异甚至癌变。这就是紫外光致癌的道理。

同样道理,强的放射线也会破坏 DNA,我们知道,放射线是放射性元素(如铀、钍、镭、氡和一些人造放射性元素)自发地发射出来的。放射线分为 α(阿尔法)、β(贝塔)、γ(伽马)和中子射线四种。这四种放射线中,α 射线的穿透能力较弱,β 射线穿透力中等,而 γ 射线和中子射线穿透力最强,能穿透人体。后三种射线的穿透力都比紫外线强得多。中子射线是用来发电和制造原子弹的铀、钍元素的原子发生裂变时产生的,它和其他射线不同的特点是它能直接打中其他铀原子,引起那个铀原子的核裂变,而这个铀原子裂变又放出中子,再打中别的铀原子,使核裂变反应不断进行下去,规模越来越大,这叫做"链式反应"。如果中子射线没有别的物质来吸收消减的话,核裂变反应最后就会达到不可控制的规模,那就是核爆炸。

这些射线穿过细胞核的时候,就会打断 DNA、RNA 和蛋白质的分子链。DNA 分子链被打断后,引起的后果和紫外线一样,也是使 DNA 发生突变,在人身体里埋下各种"定时炸弹",特别是癌症的"定时炸弹"。如果 DNA 被破坏得较多,就可能使细胞中的生命活动立即被阻碍,发生恶心、呕吐、头痛以及更严重的病状,这叫"急性放射病",严重时能致死。

放射性元素天然存在于自然界,但我们的生活中遇到的不多("烟鬼"大概除外),有时有些岩石中会存在少量。在核战争中,原子弹和氢弹爆炸时会放出巨量的放射性元素,同时放出极其强大的放射线,上面所说的 4 种放射线都有,因此会造成几万甚至几十万人的死亡,以及更多人的放射线伤害。此外,放射线污染还来自使用放射性元素的工作,例如放射线探伤用仪器的不慎丢失和核科研单位的事故，以及核电厂事故。

放射性污染事故

切尔诺贝利核电厂爆炸事故和日本福岛第一核电厂泄漏事故，是近年来的两起最严重的放射性物质污染事故。现在我们来了解一下这两起事故的详情。

切尔诺贝利核电厂爆炸事故

1986 年 4 月 25 日深夜，苏联乌克兰加盟共和国的切尔诺贝利核电厂在对 4 号机组的 8 号汽轮发电机进行维修后试运转时，操作员发现向发电机输送蒸汽的铀原子反应堆功率降低，就拔出核反应控制棒来增强核反应。控制棒能吸收中子，因此降低链式反应的强度。由于操作技术不熟练，他们把控制棒拔出太多，留在反应堆里的控制棒数量严重少于规定数目。反应堆的核反应立即加强，越来越强烈，操作员再把控制棒插回去，已经来不及了。

26 日凌晨 1 点半许，4 号机组的反应堆终于发生猛烈的大爆炸，并形成冲天大火。大爆炸像原子弹爆炸一样，完全炸毁了反应堆，把大量的铀、钚、碘 – 131、铯 – 134（后三种元素是铀的链式核反应的产物）等放射性极强的物质抛射到高空大气中，形成无比巨大的放射性云团，随高空气流飘向欧洲各处。

工厂消防队立即前去灭火，但他们不知道有放射性泄漏（这次事故中，工厂里一人当场遇难，次日清晨一人被塌落的屋顶砸死；104 人立即被送往医院，第二天又有 134 名工人和消防队员出现放射病，28 人在数月后死去）。在消防队和工人的舍命扑救下，两个多小时后，火灾才被扑灭。但是世界历史上最严重的放射性扩散已经形成。如此严重的事态，苏联当局却没有及时告知当地民众。

4 月 27 日，爆炸发生 36 小时后，切尔诺贝利附近的居民才通过当地的有线广播网，得知事故的消息以及撤离到较安全地方的通知。此后几天，核电厂周围 30 千米范围内的居民都被用大客车撤离。但是撤离做得非常草率，不许携带行李，许多人还穿着家常衣服，官方也没有告知他们应该怎样减少损害，甚至还骗他们说 3 天后就能搬回来。苏联官员对这样做的解释是"为了避免居民发生慌乱"。

这次事故所放出的放射性物质，随风飘到了整个欧洲。事故发生的次日（1986 年 4 月 26 日）早上，北欧国家瑞典就发现了放射性异常。接着其他欧洲国家也相继发现空气中放射性超标。但当这些国家有所怀疑，通过外交途径向苏联当局询问却没有结果。直到第三天（28 日）晚上 9 时，塔斯社才发布了一条含糊其辞的消息，全文是："在切尔诺贝利核电厂发生了事故，一反应堆受损。正采取措施消除事故后果，已给受害者必要的援助，政府已成立委员会调查事件。"在其他国家的媒体已经大量报道后，本国人民却还被蒙在鼓里。乌克兰和邻近的白俄罗斯还在按照苏联当局的指示，举行盛大的游行集会，庆祝五一节。

欧洲各国人们只得服用非放射性的物质如碘化钾，来稀释可能进入人体内的放射性元素。这些放射性物质甚至越过大洋飘向了美洲。不过，它们在漂移过程中逐渐扩散，浓度降低，到达亚洲和美洲时，对人身安全已经没有什么害处了。

人们所不知道的是，不到一个月，这座发电厂又发生了一次火灾。

1986 年 5 月 23 日，就在通向刚发生过事故的 4 号机组的电力电缆上发生短路，引起电火灾。因为火场的放射性极强，灭火非常困难，大火一直烧了 7 个小时，把电力电缆、塑料器件和润滑油都烧光才熄灭。苏联当局领导命令对这次火灾严格保密。结果使得那些在灭火中受辐射伤害去看医生的人们，连自己的伤情都没法对医生说清楚了。

福岛第一核电厂放射性泄漏事故

日本东京电力株式会社的福岛第一核电厂位于日本福岛县的东部，靠近太平洋岸边，共有 6 台核电机组。

2011 年 3 月 11 日下午 2 时 46 分，日本东部太平洋沿岸发生极其强大的海底地震,震级达 9.0,震源很浅(24 千米),地震引发了大海啸。强震震坏了福岛第一核电厂向核反应堆供电的全部设备,使得反应堆冷却水供应中断,反应堆温度不断升高,以致堆芯的核燃料(铀和钸)熔化,熔穿了反应堆底部而漏出。同时反应堆中由于高热金属和循环水的反应发生大量氢气,引起大爆炸,毁坏了 1 号到 3 号机组的设施和建筑,大量放射性元素向电厂周围的环境扩散,因而造成极其严重的核放射性泄漏事故。泄漏的放射性物质扩散到大气、土壤、积水、海水和地下水中。3 月 15 日至 3 月 21 日,日本各地都有大规模的放射性物质下雨般降下,水源、农产品、水产品都检出了放射性物质。福岛县地域内事故后一个半月所积累的放射性铯 – 137(核反应的产物)的量,甚至超过了切尔诺贝利核电厂爆炸事故的积累量。这些在全日本人民中引起了广泛的不安和骚动。

当时以菅直人为首相的日本政府,虽然已经有了紧急时预测放射能影响的网络系统,却没有在事故刚发生时公布消息。但是,驻日美军在事发当时就得到了日本外务省传来的事故报告,原来停泊在福岛附近海域的美国航空母舰赶紧溜掉了。第二天,3 月 12 日,日本广播协会(NHK)在新闻广播中报道了事故情况,日本政府才开始组织居民撤离事故地区。直到 4 天后,3 月 15 日,菅直人才向日本人民发表广播讲话,宣布了福岛核电厂事故情况,并要求福岛县距离核电站 20 千米以内的居民疏散,距离 30 千米以内的居民在室内躲避。而且几个月后,2011 年 6 月,菅直人政府还在向国际原子能机构的报告中说,当时如果公布紧急网络系统的预测结果,可能会导致"不必要的混乱"。

在福岛第一核电厂核泄漏事故发生后,东京电力株式会社为了修复事故设备和善后,需要大量的工人去工作,可是很难招到工人,即使开出了很高的薪酬也不行。在这种情况下,有 50 名老工人,其中 20 名已退休,留在了事故现场,坚持工作。但是,现在他们的身体状况如何,日本的媒体似乎不再关注了。

和切尔诺贝利核电厂爆炸事故一样,福岛第一核电厂泄漏的放射性物质也随高空气流四处扩散，几天后就飘到了我国以及加拿大、美国等。不过，经过风力的吹散，这些放射性物质到达我国和其他国家时，浓度已经低于国家规定的允许浓度，对人民健康已经没有不良影响。

至于这次核泄漏事故的受害者到底有多少，现在还没有一个统计报告。但是，就算不能马上引起严重后果，在如此广阔的地区，长期受到即使是较弱的放射线照射，对人的健康也肯定是非常不利的。这些影响中最重要的就是癌变。而且事故中扩散出来的放射性铯－137，其半衰期（放射性降低到原来一半的时间）是约 20 年，那些定居在日本靠近福岛的关东地区的人们，一二十年后一定会出现比无污染地区更多的癌症病人，这是一个难以避免的悲剧。

美国研制原子弹时的放射线致死事故

美国在 20 世纪 40 年代秘密研制原子弹（"曼哈顿计划"）的时候，就发生过放射线事故，两名青年科学家在做放射性实验时失去了生命。

第一次实验是构建中子反射体。中子反射体的作用是把铀或钚发射到外面去的中子射线挡回到铀或钚里面去，增强中子射线，因而减小发生核爆炸时需要的铀或钚炸弹核心的体积。中子反射体的大小尺寸只有通过实验才能确定。

一位 24 岁的研究生小达格里安（H. K. Daghlian, Jr.）（亚美尼亚裔人）用简单的方法来做这个实验：他拿来一个钚金属球，在球周围手工叠起一叠能反射中子的碳化钨砖块，并用仪器观察中子射线的强度。碳化钨砖块越叠越多，叠到最后一块时，仪器指出如果这块碳化钨叠上去，实验系统将达到危险的超临界状态。他正拿着一块碳化钨砖块，看到仪器指示后就缩回手来；可就在这关键时刻他不小心松了手，碳化钨砖块掉到钚球上，立刻激发了链式反应，强大的中子射线从钚球中发射出来。小达格里安想立刻把碳化钨砖块从实验装置上打下来，但没有成功，他只好把实验装置拆掉一部分，才停止了链式反应。

可是，小达格里安已经受到了绝对致死剂量的中子射线的伤害，表现出重度放射病的症状，很快陷入昏迷。虽然医院在重症监护下全力抢救，还是无济于事，25 天后小达格里安死了。

这是原子弹研制计划中的第一个死亡案例。

事故之后，美国当局成立了一个特别委员会来调查实验情况，并推荐了安全措施。这些措施包括做这种实验至少要有两个人参加、要有两台带音响的监测仪器、要有详尽的实验计划等。但是委员会却没有提出必须制造出可以遥控实验的装置。这种实验仍旧要人直接操作。这使得一年之后，又发生了一起同样的事故，又有一位科学家在事故中丧命。而且，实验中使用的就是小达格里安用过的那个钚球。后来研制计划的科学家们把这个钚球叫做"鬼球"。

二次大战结束后，美国的原子弹研究仍在继续。关于"临界性"的研究是研究的项目之一。临界性是指铀或钚即将发生链式反应时的状态。

一位来自加拿大的 36 岁的物理学家斯洛廷（Louis Slotin）负责进行这一实验。他用的就是那个"鬼球"，而且也是用中子反射体去增强钚的中子射线。这和小达格里安做的实验很相似，不过他用的中子反射体是两个金属铍制的空心半球。

斯洛廷也直接用手做实验。他一只手拿着上面那个半球，另一只手拿着一把螺丝刀，抵住下面的半球。钚球放在两个铍半球之间。可是，不知为什么，他上面的那只手突然松开了，上面的铍半球从他手中滑落，掉在钚球上，立刻引发链式核反应。实验室里的人都看见半球之间闪出一道强烈的蓝色闪光，并感觉到一阵热浪扑面而来。离钚球最近的斯洛廷还感到嘴里出现酸味，手上一阵烧灼。他急速地把铍半球提起来，终止了链式核反应。

但是他和小达格里安一样，也已经受到了绝对致死剂量的中子射线辐射。斯洛廷刚走出实验室就呕吐了，他的同事赶紧把他送到医院。他立即被送到重症监护室全力抢救，许多志愿者在医院等着给他输血。但是，斯洛廷的病情还是急剧恶化。"曼哈顿计划"主管格罗夫斯少将见状，只好通知斯洛廷的家人，他将不久于人世。几天以后，斯洛廷严重腹泻,尿量减少,手肿,身上出现红斑,手和前臂满是水疱,肠麻痹,发生坏疽,最后全身器官功能全面衰竭,于事故后第九天死去。

实验中还有几位科学家也在场,他们也受到了大剂量的中子射线辐射,生了急性放射病。还好,他们都逃过了一死。但他们或多或少受到了辐射的损伤,分别在 10 ~ 20 年后(42 岁和 54 岁)去世。还有一位则活到了 83 岁因白血病而离世;但有人怀疑白血病和他受到辐射损伤有关。

美国政府把斯洛廷尊为"英雄",他的故事被写成了纪实小说、搬上了电视节目。而小达格里安则没有那么受尊敬,只是在事故 55 年后,2000 年,才在他的家乡为他建立了一座纪念碑,上面写着:"虽然没穿军服,但他为祖国而牺牲。"

实际上,这是两起本来可以避免的不幸事故。

首先,在"曼哈顿计划"实施的时候,参加研究的都是美国的核物理学精英,他们对放射线的危险是有一定了解的。因此,在做放射线实验的时候,理应注意自己和他人的人身安全。但是看来他们都没有重视安全问题。出事的两位科学家都直接用手去靠近甚至接触放射性的钚球。大概他们认为放出的中子数量不多,没什么危害吧。可是,他们应当也知道,一旦链式核反应开始,放出的中子射线就会比平时强不知多少倍!因此,事故的发生第一是由于他们的过分自信。

第二,"曼哈顿计划"的指挥官们对这样的极其危险的实验居然也持听之任之的态度。在第一起辐射事故发生后,虽然官方组织了特别委员会来调查事故,但委员会却没有要求制造远距离控制的设备。显然,如果第一次事故后,规定这样的实验必须使用遥控操纵设备来进行,第二次事故就不会发生。

在斯洛廷事故发生后,"曼哈顿计划"的官方才认识到研制遥控操作设备的重要性,开始了这种设备的研制;并规定在遥控设备研制完成以前,停止一切直接手动操作的放射性实验。

此后就没有再发生过类似的死亡事故。

基因突变在生产中的应用

一件事总有两面。强核辐射的致突变性也可以用来为我们服务，如用 ^{60}Co 辐照对食品进行 γ 射线辐射灭菌。我们用强核辐射来打烂细菌、真菌及各种有害微生物的基因，这样可以保证这些坏东西长期（如果不是永远）没法复活。现在，强核辐射已广泛用于消毒各种物品，如食品、医疗器具等。辐射消毒可以在物品包装好以后进行，非常简便，而又非常可靠；辐射处理绝不会使被照射的东西带上哪怕一丁点的放射性，我们别担心。辐射消毒还适合于处理大批量的蔬菜、肉类等新鲜食品，可以较长时间保鲜（辐照一次可保鲜半年，当然要包装严密）。在位于上海曹杨路的中国科学院上海辐照中心，在严密的安全保护下，一个强大的 ^{60}Co 放射源每天都在自动对大批的装箱商品进行 γ 射线辐射消毒。辐射消毒比加热消毒可靠得多。

我们在知道了突变及其原因之后，就可以在日常生活中注意防止各种致突变因素，保护我们的健康。这里笔者就不多说了。只想说一点：那些喜欢吸烟的朋友们，还是赶快戒烟吧！等到你们肺细胞核里的突变多得吓人，细胞开始乱长的时候，再想戒烟都没用了！

第五章

自然界的转基因
现象和物种进化

在前面几章，我们讲了遗传科学的发现和发展、什么是基因，以及基因的结构和功能。这样我们就有基础探讨"什么是转基因"这个话题了。从这一章起，我们就要重点讲述转基因现象和转基因研究的相关道理。

"转基因"是指一种生物的某个基因转移到另一种生物，因而使后者产生了前者的特性。

实际上，转基因是自然界常见的现象，一点也没什么值得大惊小怪的。转基因是物种进化的一个重要因素，甚至是主要的进化动力。从细菌、藻类、植物、原生动物到脊椎动物和人类，同一生物的细胞和细胞之间、各种不同的生物相互之间，都在经常发生着基因的传递。自然界的转基因活动把生物在生存竞争中获得的特性相互传递，使各种生物的生存本领不断完善。可以说，如果自然界没有转基因，就根本不可能有人类。

在人类了解了转基因和遗传科学的原理后，就能主动地利用转基因来使进化过程向着更有利于人类生存发展的方向进行。例如，把细菌的抗虫基因转移到棉花，就可以使棉花获得不怕棉铃虫的特性——棉铃虫吃了这种"转基因"棉花的叶子，就会被毒死。又如，你可能想不到，农业生产中常用的果树嫁接，实际上也是一种转基因的工作，把砧木的基因转移到接穗、接穗的基因转移到砧木，因而使接穗获得砧木的优良性状，嫁接后的新植株整体也获得不同于原来接穗和砧木的新性状。这些事我们后面要详细讲。

前面我们好几次提到"红白粒子玉米"，不少读者对这种玉米很感兴趣。那么，笔者先来讲讲红白粒玉米的故事。

玉米基因的转位:转座基因的发现

20 世纪 30 年代,在美国卡内基学院遗传系的冷泉港实验室,有一位女科学家,叫麦克林托克(B. McClintock)。她专心于玉米遗传学的研究,观察杂交玉米的性状变化,在显微镜下观察染色体有否相应的变化。她绘出了玉米的第一张基因图。她的杰出工作成就使她在 42 岁时(1944 年)当选美国科学院院士。在以后的研究工作中,她发现了两个和玉米粒的颜色有关的基因(她把它们叫做 *Ac* 和 *Ds*)具有非常特别的性质:其中一个基因控制着另一个红色基因。这个控制基因不是固定在染色体的一个位点,而是会"到处跑",随机地插入染色体的不同基因座,引起被插的那个基因出现突变。用遗传学的术语讲,叫做"转座"。当它插入红色基因的时候,红色基因就发生突变而受到抑制,不能产生红色色素,玉米粒是白色的。但当它重新离开了红色基因,抑制被解除,这红色基因的突变又会恢复原状,开始表达红色素,玉米粒就变回红色。当时科学界普遍认为基因是定位在染色体上,不会移动的;而且还认为基因是不被别的基因控制的,因此这个发现与当时科学界的观念完全冲突。在麦克林托克发表论文时(1950 年),基因就是有遗传效应的 DNA 片断还没有被证明,更没办法直接研究基因 DNA,麦克林托克的结论只是通过对玉米粒和对染色体的观察得出的,而且又是和科学界普遍的认识相对立的,所以她的结果也不容易得到科学家们的赞同。这和孟德尔研究结果的遭遇有点像。

麦克林托克的论文虽然能够发表在《美国科学院学报》上(该学报优先发表美国科学院院士的论文),但大家都不相信她的结果;不知道这和她的院士头衔有没有关系,我们知道人们往往对高级人物"敬而远之"。她当然坚持自己的观点并继续研究,但是这使得她在科学家同事中间越来越孤立,有的人甚至不理她了。有好几年她竟不敢再发表她的研究结果。直到过了大约 10 年,1960 年前后,法国生物化学家雅各布(F. Jacob)和莫诺(J. Monod)在大肠杆菌 DNA 中发现了控制乳糖代谢的调控基因系统——乳糖操纵子,才证明基因是可以受别的基因控制的。后来在细菌的其他酶系中也发现了操纵子,说明这是基因表达的一般规律。这和麦克林托克十年前的发现基本一致。以后,在其他细菌和病毒中又发现了能转座的基因即转座子。最后,在 1982 ~ 1984 年,澳大利亚和美国的科学家卡里奇·特伯(U. Courage – Tebbe)、多林(H. Doering)、费多罗夫(N. Fedoroff)和萨顿(W. Sutton)等成功地克隆了 *Ac* 和 *Ds* 两个基因,测出了它们的核苷酸序列,由此确定它们的确是转座基因。至此麦克林托克三十多年前的研究结果才得到生物科学界的证实和承认。这时她已是 80 岁的老人了。

麦克林托克在 1970 年前后回忆这段历史时感慨地(但是隐晦地,大概怕得罪那些人)说:"多年来我感到,当我由于某些特殊的经验,注意到别人没说出的设想的实质时,使他们意识到这些是很困难的,如果不是不可能的话。我在五十年代努力想说服遗传学家们,基因的活动一定是受控的,而且确实受控的时候,这非常明显,使我很痛苦。现在要认识到很多人对玉米的调控因子及其作用方式的设想的顽固性,也是一样地痛苦。必须等待合适时机,来改变(他们的)观念。"当然,科学界总算承认了她的功绩,她在 82 岁的时候被授予诺贝尔奖。可是,这个奖来得不是有点晚了吗?

8 年后,90 岁的麦克林托克去世。她的境遇比起直到逝世都没能看到自己的成就被世界公认的孟德尔,还是要好得多。

麦克林托克等科学家的研究发现,虽然基因是维持生物物种最重要的东西,但它们不是固定的、僵硬的。有一些基因会在染色体上或染色体之间转位、移动。这种移动会对生物的正常生长发育起一定的调控作用。实际上,基因在生物体内的转移和在物种之间的自发转移,是生物物种进化的一个极其重要的原因,特别是当基因自发转移和达尔文的"自然选择"结合起来的时候。因此,自然界的转基因,对于我们人类主动地通过人工方法使生物朝向人类所需要的方向进化,赋予生物种以新的有利于人类的特性,更快更好地满足我们人类的物质生活需求,是一个极好的启发。

细菌和无脊椎动物中的横向基因传递

"超级细菌"

我们大家都知道有的致病细菌是不怕抗生素的。许多原来很有效的抗生素,像青霉素,碰到了这些细菌就变得一点用也没有。其实,这就是转基因的结果。一些基因不是通过细菌的细胞分裂从母代传到子代,而是直接从一个细菌传递到另一个细菌。我们把这种转基因叫做"横向基因传递"(图 17),相对于从母代到子代的"纵向基因传递"。抗生素抗性基因的传递在细菌中非常常见,主要是通过一种特殊的 DNA——质粒(我们在第六章还要讲)来实行的。质粒是一种双链的环状 DNA,它并不和细菌的染色体 DNA 连在一起,而是独立地在细菌细胞里"存活"——复制。质粒上编码的基因,除了负责它自己复制的基因外,还有一种或两种的抗生素抗性基因,比如抗青霉素的基因和抗四环素的基因。质粒可以通过细菌之间的接触,从一个细菌转移到另一个细菌。而获得了这些质粒的细菌如果碰上抗生素,就仍然能不断生长和分裂,增殖出越来越多的细菌后代,这些后代细菌仍然是抗生素抗性的。也就是说,抗生素反而充当了帮助这些细菌繁殖的帮凶。因此,医生们把这些抗生素抗性细菌叫做"超级细菌"。

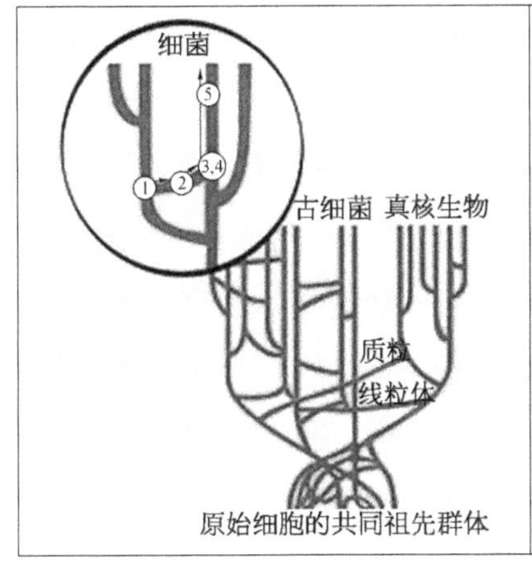

生物的进化是从下到上沿竖线进行。连接两根竖线的、横向或斜向的线表示基因从一种生物横向转移到另一种。图中标出了古细菌的基因横向转移到真核生物的两种主要的途径:通过质粒和线粒体的传递。在生物进化中,线粒体的传递发生得比质粒的传递更早。不同种细菌间的横向基因传递以编号标在放大图中。

图 17　横向基因传递示意图

由此，我们可以知道，为了防止"超级细菌"的增多，我们必须谨慎使用抗生素。要防止在不需要使用抗生素的疾病（如没有呼吸道细菌感染的伤风感冒）时使用抗生素；要使用细菌还没有产生抗药性的那些抗菌药物，包括新型的抗生素；中药中有许多细菌抵抗不了的抗菌和杀菌药物，应当尽量使用。日常生活中的一些食物也有抗菌作用，例如新鲜的、没有加热的大蒜头是最有效的杀菌剂，甚至比酒精的杀菌能力还强，我们应该吃，不用怕它辣、也不用怕它有股气味。当然，吃了大蒜，跟人家说话不要靠得太近就是了！

除了抗生素抗性的转基因外，在微生物中还有很多种的横向基因转移。常见的一种细菌是大肠杆菌，它是生活在人的大肠里的，平时"吃"（分解）肠内没消化完的食物和从肠子壁上脱落下来的细胞，把这些东西大部分分解成简单的有机化合物，像短链脂肪酸和吲哚类；自己也"制造"（合成）一些化合物，像维生素 B_{12}。一部分对人体有益的，如维生素，就被肠子重新吸收。人体不需要的东西如吲哚类，就排出体外。吲哚、甲基吲哚等化合物和一些短链脂肪酸（特别是丁酸和异丁酸）都臭得要命，大便的臭气主要就来自它们。大肠杆菌相互之间经常发生 DNA 的相互转移，也就是转基因。有的大肠杆菌身上带有几根长毛，叫做性毛，可以用它和别的不带性毛的大肠杆菌结合，把自己体内的 DNA 质粒传送到对方体内去。大肠杆菌还能和别的细菌如乳酸杆菌发生转基因。别的许多种细菌也有这样的本领。

沃尔巴克体和衣原体

其他一些细菌之间，也有横向基因传递发生。现在研究比较多的是一种叫做"沃尔巴克体"（Wolbachia）的寄生细菌，它只能在宿主的细胞里面生活。这种细菌早已发现，但是直到 21 世纪初科学家才对它感起兴趣来。

这种细菌经常寄生在昆虫如蚊子、苍蝇、黄蜂、蛾子等的细胞里；近年来还发现它能寄生在一种丝虫细胞里。这种细菌非常古怪，它能藏在这些昆虫的细胞里和虫子一起遗传到后代；而且如果被它感染的虫子是雄的，它就会破坏虫子的雄性功能，使它变成雌的。沃尔巴克体还使它寄生的蚊子不怕杀虫剂；寄生有沃尔巴克体的蛾子，在咬吃正枯黄的作物叶子时，沃尔巴克体的作用竟能使叶子的这些部分不变成黄色，而保持绿色，使蛾子能"吃得高兴"。

这种细菌还有一个特点，就是会以横向基因传递的方式，把它的基因在它自己和宿主的基因组之间转移。科学家发现，沃尔巴克体 DNA 上带着一个它自己的噬菌体 DNA，这个噬菌体的 DNA 能在宿主（一种寄生蜂）细胞内，由一个细菌传递到另一个细菌。和沃尔巴克体相似的另一种致病微生物——立克次体，也有这样的性质，它携带的十几个和菌毛发生有关的基因，是从别的立克次体中通过横向基因传递得来的。还有一种致病微生物叫肺炎衣原体，它们在实验室里培养在培养基里的时候，就可以把它们 DNA 上连着的噬菌体 DNA 互相传来传去。不过，沃尔巴克体、立克次体和肺炎衣原体不同，前两种发生横向基因传递的概率非常低，所以传递过来的基因，如所携带的噬菌体基因，可以一直在接受它的微生物中保留许多年。

鞭毛虫

还有一种微生物很有意思，那就是鞭毛虫类。鞭毛虫是很常见的，几乎到处都有，池塘、河流、江海、水坑甚至土壤里都找得到它们。它们是结构简单的单细胞生物，细胞外面有几根长长的鞭毛，在水里游动的时候能摆动，推动身体前进。有很多种鞭毛虫营共生生活，有的粘在别的生物身上，有的钻进别的生物体内去，靠人家吃进来的养分活命。有的鞭毛虫（如阴道滴虫）还能致人生病。近来，科学家发现，一种鞭毛虫（叫"领鞭毛虫"，choanoflagellates，图 18）的基因组中有约 1 千个基因都可能是在进化过程中通过横向基因转

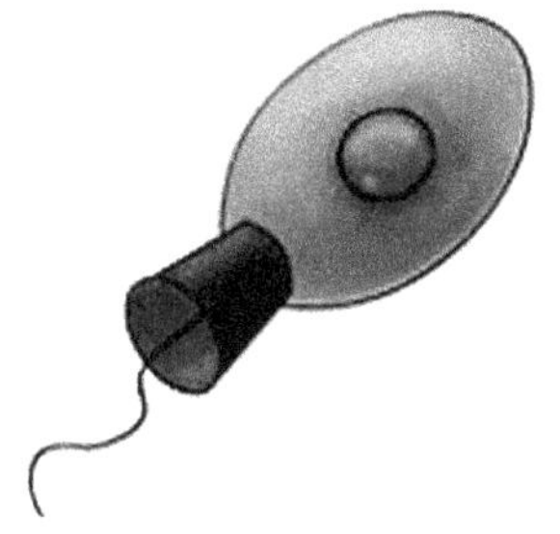

图18　领鞭毛虫模式图

移,从别的生物身上取得的。这些基因可能来自被"吃掉"的藻类、细菌和其他领鞭毛虫;它把这些捕获物粘在细胞上,利用胞吞作用吃到"肚子"——细胞质里去,同时就使被"吃掉"的 DNA 被切断,有些 DNA 断片就可能和领鞭毛虫自己的 DNA 连接在一起。这些基因中,有些只是使得领鞭毛虫的祖先能在当时食物缺乏的自然环境下生存下来,这些基因在以后的进化过程中逐渐丢失。但也有一些基因最终转移到了动物的基因组中。这说明,那些基因可能是从某个共同的祖先生物通过横向基因转移来的,也可能就是从领鞭毛虫的祖先横向转到动物细胞里的。

从上面讲的内容中我们可以知道,在微生物领域中,微生物相互之间是能够交换基因,也就是遗传物质 DNA 的。所以微生物的遗传并不像我们原来想的那样只是从上一代遗传到下一代。那么,"大点的"生物,像昆虫和寄生虫、动植物甚至人类,它们(他们)的"传宗接代"又是否仅仅是垂直传递的呢?

读者猜得到,问题的答案是:否。事实上,我们自身的许多基因,甚至我们人身上的器官,都非常可能是从其他生物通过横向基因传递得来的。

动物中的横向基因传递

线虫

在动物和植物中,横向基因传递发生的频率比微生物要少得多。现在往往能够在一些生物细胞 DNA 内发现另一些生物的基因,而这些异种生物基因是几十万年前或几百万年前的几次横向基因传递事件所传过来的,现在已经变成这些动植物自身不可分割的一部分了。在这些情况下,横向基因传递在生物进化方面的意义就非常明显了。

例如有种线虫(人体寄生虫——蛔虫,就是属于线虫类),喜欢寄生在甲虫体内。被寄生的甲虫死了后,尸体腐败,大量的细菌和真菌生长起来;这时这种线虫就"津津有味"地"大吃"那些细菌和真菌。科学家在这些线虫的 DNA 里发现了纤维素酶的基因。纤维素明明是植物体内的物质,纤维素酶应该是寄生在植物上的寄生生物才会有的,为什么寄生在动物体内的生物会有? 专家详细研究后得出的结论是:这些纤维素酶的基因是在远古时代,从含有这种基因的其他线虫体内转来的。研究还发现,这种线虫的 DNA 序列中还存在一种酶的基因,它只有甲虫体内才应该有,线虫体内本不应该有的。深入的探讨终于发现,现在存在于线虫 DNA 中的这个基因以及其他 500 多种昆虫基因,都很可能是在古代通过横向基因传递,从昆虫体内转基因到线虫 DNA 上的。而且,科学家推论,引起这些横向基因传递的都是逆转录转座子,它们在传递中充当了基因载体的角色。

一些线虫还能与沃尔巴克体共生在一起"相互依赖",互相提供"生活必需品"。线虫把氨基酸分泌给沃尔巴克体,以供它生长;沃尔巴克体则帮助线虫生产血红素、维生素 B_2 和核苷酸,供给线虫"食用"。沃尔巴克体和线虫的共生体能通过横向基因传递,把基因转给线虫基因组。现在,大部分科学家认为,细菌共生在那些线虫体内,可能是在它们的祖先有过一次"共殖"(聚在一堆形成集落)事件所致;后来,一些不要细菌也能繁殖的线虫逐渐抛弃了共生的细菌。而且在两种没有沃尔巴克体寄生的线虫基因组里还发现了能够转录的细菌基因。这说明,在线虫抛弃共生的细菌之前,细菌基因就已经进入了线虫的 DNA。

有些线虫是寄生在植物上的。外寄生的植物线虫有一根刺针,能刺入植物直达它吸食的细胞层;内寄生的线虫则钻进植物组织里去。因此,这两种线虫都需要主动地分解或软化植物细胞壁的物理屏障。内寄生的植物线虫中,胞囊线虫和根结线虫是最臭名昭著的、危害全球农作物的主要植物线虫。很早就发现,胞囊线虫的基因 DNA 中所含有的纤维素酶基因,与细菌的纤维素酶最为相似;这就说明,这种线虫之所以能适应在植物上的寄生生活,极可能是通过横向基因传递,从细菌处获得了所需要的酶。近年来科学家对根结线虫的 DNA 全序列做了测序分析,有了前所未有的发现:在一种线虫的 DNA 中发现了所有能分解植物细胞壁的酶系,即纤维素酶、半纤维素酶和果胶酶。这些酶的基因序列与植物根周围土壤中细菌的相应酶的序列最为相似。这说明，根结线虫也是在进化过程中通过几次横向基因传递，从它周围的细菌得到了能分解植物细胞壁的各种酶，才寄生在植物根部的。除植物根部的土壤细菌外，有证据表明，土壤的真菌也曾把它们的纤维素分解酶，通过横向基因传递贡献给植物寄生线虫。因此，可以说，线虫的寄生性也是得益于它们和其他微生物之间的横向基因传递。正是这种传递——转基因，使得古代的线虫进化成了今天的线虫。

节肢动物和鱼类

一些节肢动物也从横向基因传递得到了好处，或者说，进化得生存能力更强。

除果实外，植物的茎、叶、皮、根都是各种昆虫和其他节肢动物喜欢吃的东西。但是，植物也有抵抗这些小虫的武器，其中一种是有毒化合物。很多种树的汁液含有带氰基的糖苷，当它们受到损害、树液流出接触空气时，氰基糖苷就会被分解，放出氢氰酸。我们都知道氢氰酸是极毒的，绝大多数动物吃下后都会中毒而死。可是有些小虫（主要是螨类和蛾类，注意蛾类属于昆虫，螨类不属于昆虫而属于蜘蛛一类）就是不会中毒，照样吸食树汁。这是因为那些小虫体内有几种可以把氢氰酸解毒的酶。近年来科学家通过大规模的 DNA 测序，发现这些解毒酶的基因不是远古时代小虫自己就有的，而是在进化过程中从细菌那里转基因来的。因此，横向基因传递在节肢动物进化的过程中帮了这些小虫一个大忙：把细菌的氢氰酸解毒酶类从细菌转到节肢动物的 DNA 上。这样就使得原来会被植物放出的氢氰酸毒死的小虫能对抗氢氰酸，因此大大扩大了它们的食物范围，使它们在自然选择中更占优势。

冷水鱼类进化中一个重要的功能蛋白质——抗冻蛋白的进化，也体现了横向基因传递的作用。抗冻蛋白能在水刚形成极微小的冰晶时，就结合在冰晶表面，阻止冰晶增大，因而使鱼血液中的水不结冰，能在极地的冰水中生活。科学家在几种亲缘关系很远的硬骨鱼类中，发现了分子结构相似的抗冻蛋白,不仅蛋白质结构极其相似——氨基酸序列的相同率达85%,连DNA内含子(基因中不编码蛋白的那些序列)都极其相似(相同率97%)。而且,内含子的数目、位置也极为相似。在一些亲缘关系很接近的鱼类中却没有发现这种抗冻蛋白基因。在考虑和分析了可能的其他解释后,科学家认为,最可能的解释是:这些抗冻蛋白是在进化过程中,通过鱼类之间的横向基因传递,转基因进入这些硬骨鱼类基因组的。

植物和微生物中的横向基因传递

上面我们已经谈到,植物和寄生动物之间会发生基因的传递。实际上,除了寄生动物和共生生物以外,植物的附生和内寄生,都会促进两株植物或两个种属之间的横向基因传递。除了这些直接接触外,自然界还有许多"媒介"可以担负转送基因的重任:像上面提过的细菌、转座子,和病毒(包括噬菌体)、质粒,以及花粉、蜜蜂、苍蝇以及各种爬行在植物上的昆虫,都可以把一些基因转递给植物。特别是当转座基因参与基因传递的时候,对于植物种属的进化所起的作用是非常巨大、不可低估的。我们下面再举几个例子。

原叶绿素氧化还原酶

绝大多数植物如陆地上的植物,以及一部分微生物如蓝藻,都在细胞中含有叶绿素α,这是它们利用光能合成糖类、储存能量和放出氧气的主要生物分子。叶绿素α的合成是在细胞内通过复杂的途径、由很多种酶的依次作用进行的,在合成的最后一步起作用的是原叶绿素氧化还原酶。在不同的植物中这个酶有两种,一种是需要光的,一种是不需要光的。科学家在分析这个酶在各种不同的蓝藻中的分布及其发展史时,发现在绿色藻类的进化过程中,一些绿色藻类原有的原叶绿素氧化还原酶,常会变成来自别的藻类的同种酶;这是由于别的藻类的酶其基因横向传递所导致的。另一方面,这些酶基因也常常发生丢失。因此,在藻类的进化中,各种藻类相互之间进行着基因的横向传递,这种天然的转基因现象使藻类的进化摆脱了独自遗传的局面,形成了一个巨大的遗传群体。这样的"群体进化"现象比单独纵向遗传的进化速度快得多,效率高得多。

植物基因通过直接接触转入细菌

植物表面,特别是叶子,通常带有各种细菌。植物叶子腐烂后,叶子的 DNA 通常不会立即降解,而会以较完整的状态在烂叶子上保留一段时间。这样,叶子上的细菌就有机会和植物的 DNA 直接接触。同时腐烂的植物叶子正好给细菌的生长提供营养,并使细菌进入感受态(能接受 DNA)。这时植物 DNA 就可能传递细菌,使细菌带有原来只有植物才有的新的性状。

科学家已经证实了这点,他们用转入了不带启动子的绿色荧光蛋白(GFP,一种海生发光水母的发光蛋白,详见本书第 91～92 页)基因的烟草叶子来做实验。他们用的绿色荧光蛋白基因不带启动子,所以不能自己表达,只有当某种外来的启动子连接到绿色荧光蛋白基因上,才能表达,使细胞能在紫外光照射下发出绿色的荧光。他们把这种烟草的叶子放在培养皿里,在上面放上一种细菌,再培养半个月(当然,在培养期间叶子会腐烂)。结果,在紫外光照射下,在叶子上生长的细菌果真发出了绿色荧光。

当然只有这点证据还不够,科学家还做了其他许多证明实验,最终结果证实,当植物叶子等在土壤里腐败时,植物的细胞 DNA 能直接传递给那些在植物腐败物上生长的细菌,植物基因能进入细菌细胞,变成细菌基因组的一部分。所以我们可以认识到,在自然界,细菌和植物之间的相互关系是多么复杂,它们的相互影响是何等精细!

T－DNA

土壤杆菌属(Agrobacterium,有人译为"农杆菌"),是土壤中存在的一种细菌,是植物根生肿瘤("根癌")的主要原因。土壤杆菌基因组含有一个基因,叫 T－DNA,能插入到植物的细胞 DNA 中,并像植物 DNA 一样随细胞分裂一道复制。这种插入直接导致根癌的发生。这个基因的插入就是一种横向基因传递。T－DNA 也存在于各种烟草的 DNA 中，但并不引起根癌等疾病。最近科学家在红薯的多个品种中发现其 DNA 中插入有 T－DNA 的一部分序列；仔细的研究和分析显示，这些序列可能是在进化中从土壤杆菌来的 T－DNA 基因经过多次横向转递的结果，而且进化的进程不但没有丢失这些 T－DNA，更没有引起根癌，反而使它们固定下来，成为红薯基因组的一部分。这提示 T－DNA 在红薯的进化中可能起着有利于该品种生存发展的作用。

被子植物向裸子植物的横向基因传递

我们知道，植物有被子植物和裸子植物两大类。被子植物的种子包含在果实里面，而裸子植物则没有果实，种子直接裸露在外面，最多有一层鳞片权当保护。我们常吃的苹果、梨、桃子、石榴等水果的果树，都是被子植物；最常见的裸子植物有松树、银杏等。虽然它们在现代到处都有，但裸子植物属于比较古老的植物类群，被子植物是从裸子植物进化而生的。现在科学界的一般认识是，作为进化的一种标志，基因的传递在被子植物中比较多见，而在裸子植物中几乎没有。

最近植物学家在对松树的基因组进行 DNA 序列分析时，意外地发现在一种加拿大松树的 DNA 中被插进了一段"陌生"的 DNA，它是某种被子植物的一个线粒体基因的一段。虽然作为裸子植物的松树本身也有这个基因，但它和在加拿大松树 DNA 里发现的那个基因很不一样。科学家们用各种方法对这两个基因进行了分析计算，通过计算推定了被子植物基因进入加拿大松树基因组的时间，可能发生于大约 4500 万年前。因此，这一发现说明，横向基因传递在裸子植物这种进化得比较缓慢的植物类群中也存在，而且基因是从进化较快的被子植物传递过去的。

嫁接——细胞 DNA 和叶绿体在接穗和砧木间的横向传递

我们常吃的柿子、苹果、梨等水果，以及绝大多数果树的繁殖，都要经过嫁接：心灵手巧的果农们把优良品质的"接穗"下端和"砧木"的上端连在一起，使它们的形成层（树枝上木质部和韧皮部之间，细胞分裂最活跃的薄层）互相对齐，使砧木的液汁不断地流到接穗里，供给接穗生长的需要，两者不久就会愈合成一体。但是我们想不到在树液这样流动的过程中，两者的细胞发生了什么变化。

大家知道，绿色植物细胞里有许多叶绿体，这种像"细菌"一样的绿色小颗粒是进行光合作用和制造氧气的"工厂"。叶绿体里含有它自己的 DNA，跟细胞 DNA 不同。叶绿体的蛋白质都是叶绿体 DNA 编码的。

科学家的实验发现，接穗和砧木的细胞 DNA 能够彼此转换；不仅如此，而且整个的叶绿体都能跑到对方的细胞里去！

用来做实验的植物是烟草。我们来看一下科学家们究竟是怎样做这个实验的。这个实验需要动脑筋仔细设计。当然，任何科学实验都要动脑筋好好设计，不想动脑筋是绝对做不好科学实验的。

科学家们先用分子生物学的方法（具体这里就不说了，笔者鼓励有兴趣的读者去看这方面的专业书籍），把一种烟草品种，在叶绿体 DNA 里插进了一个抗卡那霉素的基因，和一个在紫外光下能发黄色荧光的蛋白质基因，使这种烟草既不怕卡那霉素，又会在紫外光下发黄色的荧光。然后，科学家们又把第二种烟草在它的叶绿体 DNA 里插入了一个抗光神霉素的基因和一个在紫外光下能发绿色荧光的蛋白质的基因。这样，这株烟草既不怕光神霉素，又能发绿色荧光。

有了这两种带标记的烟草后，正式实验就可以开始了。科学家拿这两种烟草分别做接穗或砧木，进行两种嫁接。注意，这是在无菌条件下的嫁接，像给病人动手术一样的严格。接穗和砧木长成一体后，就把结合处切下来，放在含有卡那霉素和光神霉素两种抗生素的培养基上培养。这时，原来两种烟草的切块因为都只能抗一种抗生素，所以就被另一种抗生素杀死。只有同时含抗这两种抗生素的基因的烟草，才能生长。而且，还可以用紫外光灯照这些植株，看它们发什么荧光，来确定到底是哪些植株生长起来。

当科学家们观察实验结果时，发现嫁接株中的确有几株长起来了。这就说明这些植株可能同时抗两种抗生素，因此这些植株的嫁接是成功的。用激光共聚焦显微镜，在紫外激光激发的荧光之下观察这些植株的细胞，在接穗和砧木的细胞核质中，果然看到了明亮的黄色荧光——说明有黄色荧光蛋白的积累，而在两者的叶绿体中，都看到了亮绿色的荧光——绿色荧光蛋白的积累。这些都意味着有可能发生了细胞核 DNA 和叶绿体 DNA 在接穗和砧木间的交换传递，也就是说，这两种 DNA 既可以从接穗传递到砧木，也可以从砧木传递到接穗。

科学最重要的是严谨性。到底是否发生了横向基因传递，光看抗生素抗性和观察荧光是不够的，因为那都只是间接的证据。为了保证实验结果的准确性，必须用实验来直接证实。为此，科学家们使用了一种叫做 PCR 的实验方法（详见本书第八章）。

为了证实在嫁接的烟草中确实已经传递进了别的植株的叶绿体 DNA，科学家用在双抗培养基中生长起来的烟草细胞中的那一丁点 DNA 进行了 PCR 扩增，对扩增的 DNA 做了序列分析。结果证实所有的嫁接株都含有对方的基因。这就无可争辩地证明，在嫁接中发生了横向基因传递的事件。在此基础上，科学家进一步用了多种分子生物学研究方法，证明在嫁接中被转移到对方植株细胞中去的，不是叶绿体 DNA，而是整个叶绿体。因此，树木嫁接这种农业生产中广泛应用的技术，实际上是一种"转基因"的操作，使得基因在两种植物之间互相传递，结果是这两种植物都获得了对方的性状。

从上面的事实，可以知道，植物的遗传并不是像从前所认为的那样只是从亲代遗传到子代。在遗传过程中还有"从旁边钻进来的"基因——横向的基因转递。实际上，动植物的遗传和进化是一个包括纵向和横向的基因传递的复杂过程。

和上面的实验相似，我国科学家用简单的嫁接方法，就在两种棉花植株的嫁接中看到了横向基因传递。他们拿高地棉（浅黄白色花瓣、花瓣上没有斑点、是转入了苏芸金杆菌抗虫蛋白基因的转基因棉）做接穗，用海岛棉（黄色花粉、亮黄色基部有红点的花瓣、非转基因棉）做砧木，进行实验嫁接。为了便于检查横向转基因事件的发生，用这两种棉花分别和同种棉花植株做嫁接，作为两个对照。为确保嫁接后新长出的腋芽受到砧木基因的影响，把一部分第一次长出的腋芽掐掉，观察随后长出的第二腋芽所长成的枝条开的花。他们发现，第一次长出的腋芽所生成的枝条上开的花，以及对照嫁接的植株开的花，形态和接穗的花没有什么两样。但是在实验嫁接的接穗上第二次长出的腋芽所开的花中，45 朵花有 3 朵显现了砧木的形态，花瓣变成了较深的黄色，并且瓣基部出现了红点，虽然红点没有砧木的花的红点大，但是很清晰。这清楚地表明，砧木的基因在接穗中得到了表达，而这种表达只能是通过直接的横向基因传递才能实现。

在观赏花卉的培育方面，我国园艺家也早就使用了嫁接方法，创造了不计其数的多彩斑斓的花草。如梅花的嫁接，多用杏树、桃树作为砧木；嫁接桂花用女贞树做砧木；蔷薇的嫁接用月季花树作为砧木；等等。这些嫁接搭配能培育出美丽而且品种优良的花木。在其中少不了砧木的基因横向传递到接穗，对提高花木的品质做出的贡献。

人体中的横向基因传递

我们人类的细胞都处在不断的新陈代谢之中，老的细胞死去，新的细胞出现。在这一过程中，也会出现一些基因在不同细胞间的横向传递。例如，异体造血细胞移植后，往往会有含供体基因组的上皮细胞出现；科学家高度怀疑供体的造血细胞和受体的上皮细胞之间存在横向基因传递。因此，就有人把人的上皮角质细胞和造血细胞放在一起培养，看看是否有含造血细胞基因组 DNA 的上皮角质细胞出现。他们果然发现，有些造血细胞的 DNA 横向传递到了上皮角质细胞里。这种传递是上皮角质细胞吞噬造血细胞的凋亡小体的结果，凋亡小体是细胞凋亡时细胞核和细胞质裂解形成的小块。这样，凋亡细胞在"临死前"还把自己的"身体"

"捐献"给了别的细胞。通过这种横向的基因传递，不同细胞间的基因可以互相交流。在此基础上，科学家们检查了 71 位接受过造血细胞移植的病人的口腔黏膜脱落细胞，确实在约 89.7% 的病人脱落细胞中找到了来自造血细胞供体的 DNA。

还有一种从细胞上释放出来的小体，叫"外泌体"。外泌体包含许多细胞内的组分，如各种 RNA、DNA 的断片和蛋白质等。现在科学家已经确认，外泌体能被周围的细胞吞噬进去。通过被别的细胞"吞吃"，外泌体把它们的包含物转送到其他的细胞，起着细胞间的物质和信号运输的作用，这当中就包括 DNA 和 RNA 的横向传递，把遗传物质在细胞之间相互交流。我国科学家发现，乳腺癌细胞释放出的外泌体能通过横向传递一种调控细胞活动的 RNA（叫"微小 RNA"），把抵抗抗癌药物的性质传递给别的癌细胞，因而增强癌细胞的顽固性[1]。

人身上也有一些和玉米的转座基因相似的"跳跃基因"——逆转录转座子，主要的一个叫 *L1*。*L1* 逆转录转座子有上千个，也许更多，都是进化过程中通过横向基因传递进入人基因组的，其中大多数已经失活，但还有少数能活动。据估计人体内的有活性的 *L1* 有将近 100 个，但只有约 4 个是经常跳来跳去的。科学家用人工培养的人体细胞来研究 *L1* 如何进入细胞基因组；他们发现，成人脑的海马回区域有多拷贝的 *L1* 基因存在，数目比其他器官如心脏和肝脏更多。海马回是人脑非常重要的功能区域，负责人的短时记忆。*L1* 在海马回基因组中的拷贝数较多，这一事实有什么意义，对人是有好处还是有坏处，现在还不知道。*L1* 的"跳跃"可能导致人的抑癌基因失活，而有利于细胞的癌变，但这也还在研究中。

可见，在人体中，基因的自然横向传递也是并不罕见的。

横向基因传递在物种进化中的作用：获得性的遗传

我们已经讲了很多横向基因传递的例子。可以看出，横向基因传递，也就是"转基因",是自然界本来就有的一种遗传物质交流的方式。虽然不像普通的生物遗传那样常见,但是这种交流的确存在,而且在生物的生长、传代和物种获得新的性质即进化等方面,起着重要的作用。

我们都很熟悉达尔文的进化论,它的核心是"自然选择"。也就是说,一个物种如果抗得住外界的生存条件,它就能生存下去。那些不能对抗生存条件的物种,就会归于绝灭。而如果我们认为生物的遗传繁殖,只是单纯地把性状从父母传给子女,从亲代传给子代,那么显然就会出来一个问题:这些性状怎样才能变化呢? 生物怎样才能把不利于自己生存的性状抛弃掉,而得到有利于生存的新性状呢?

我们比较熟悉的答案也许是"突变论"。这是比较经典的理论。突变论说,由于自然环境的变化,常会有影响 DNA 序列的物理、化学、生物学作用发生。这些作用在生物体细胞内会引起 DNA 序列的变化,也就是"突变"。比如化学致癌物、紫外光、放射线等的作用,都可以使 DNA 发生序列的突变,造成蛋白质产物的性质变化,使细胞的正常生物化学活动被阻碍,引发疾病。而如果碰巧 DNA 的突变却造成了新的、具有"好的性质"的蛋白质等,就会使得这个物种更加能够在自然界生存发展下去。这就是进化。可是,这里还是有些问题。按照突变论,生物物种的进化都是依赖于突变,依赖于这种偶然发生的事件,那怎么解释现在地球上有那么多的、几乎无法计数的生物物种呢? 难道它们都是因为一些偶然事件才出现的吗?

还有,现代在地球上生活的高等动植物,包括我们人类自己,都拥有非常复杂的身体结构,我们自己都还没有完全了解这些身体结构。这些身体结构既复杂又高效,而且极好地互相配合,完成着我们的生命活动。这些复杂而精细的身体结构,难道仅仅是偶然地、被动地形成的吗?

有些人,主要是抱有宗教信仰的人们,在这些问题没法理解、没法解决的时候,就只好搬出他们心目中无所不能的"上帝"来,把这些说成是"上帝"的功劳。我们也许记得,在 18 世纪,英国科学家牛顿,这位发现了运动三定律（现在的卫星和宇宙飞船的设计和发射也还依靠这三条定律）的伟大人物，最后也只能把他的发现归功于"上帝的第一推动力"。当然，我们知道，"上帝"只不过是人们头脑里的想象。那么物种的进化还有哪些推动力呢？

近年来分子生物学和基因组研究的蓬勃发展给我们提供了新的证据，使我们能更接近真相地解释生物进化的问题。其中，横向基因传递就是一个重要的证据。现在我们知道，遗传物质即基因，并不仅仅是纵向地从亲代传送到子代。除了作为遗传主流的纵向传递外，基因还可以横向地从同一代的一种生物传送到另一种生物。许多种生物就这样获得了原来没有的新的功能和性状，因而使那些物种能更好地耐受更苛酷的自然环境而生存和发展下来，直到今天。

我们知道，海洋里有许多稀奇古怪的生物。有的只有一个口和一根肠子，如海参；有的有个能不断缩放的"雨伞"，像水母；等等。当然它们也是经历了多少万年的进化，并不是远古时代的样子了，但它们的结构到今天也还是那么简单。所以我们有根据说，在远古时代，那时的生物物种的身体结构，可能比现代的生物物种要简单得多。那么，是否有这样一种可能：现代高等生物的复杂的器官系统，像心脏、胃肠、肺等，都是（或至少一部分是）在进化过程中，通过天然的转基因——横向基因传递，从别的生物转入进来的呢？而且，我们后天得到的悟性，例如长期锻炼得到的身体能力、因脑力锻炼而增强的记忆力，是否也能通过细胞间的横向基因传递，到达我们的精子和卵子，然后遗传到下一代呢？也就是说，获得性的遗传是否真的存在，而不违反孟德尔定律呢？

笔者觉得，虽然现在还没有可信的研究结果，但这样想不是完全没有根据。事实上，进化过程的复杂性是确定的事实，只是我们人类的头脑还太简单，想不到那么多。当然，解开进化的谜团，靠想象是不行的，必须依靠科学的研究和分析，依靠科学的探索和发现。大自然本身，宇宙本身，才是真正的万能的"上帝"！

[参考文献]

1. W Chen, X Liu, M Lv, et al. *Exosomes from drug – resistant breast cancer cells transmit chemoresistance by a horizontal transfer of microRNAs. PLoS One*, 2014, Apr 16;9(4): e95240

第六章

转基因研究：创造
新物种以满足人类需要

人工转基因的目的：创造具有人类需要特性的新物种

我们终于能够接触我们在本书一开始就想要讨论的中心问题——"转基因是好还是坏"了。先来谈谈转基因研究的目的。

在前一章我们已经说过，在生物进化中，基因的横向转移是普遍现象，是进化的一个重要条件。现在地球上所有的生物，包括我们自己，都是这样通过基因的纵向、横向转移，逐渐综合了许多原始生物的身体结构，才成为今天这个样子的。可是，大自然这个"上帝"创造的生物界，并不是"保佑"人类的。这个"上帝"创造出来的，是互相争斗、互相倾轧、互相吞食、互相敌对的生物物种。这些物种始终处在无休止的生存竞争中，只有在生存竞争中取得优势的物种，才能够发展壮大。这是生物进化的另一个条件，就是达尔文发现的那个条件——自然选择。

我们人类本身一诞生，就具有其他所有生物没有的优势，即拥有最发达的头脑，有思想，因此会制造工具和驯化其他动植物来为我们服务。但是，我们也面临着许多不利于人类生存发展的事物在向我们挑战，和我们竞争生存。单说日常生活，自然界就"创造"了几乎无数种的害虫、有毒有害动植物和微生物，以及不利于人类、农作物、牲畜、水生生物生活的恶劣自然环境。这些不利因素在不断地破坏和威胁着我们的生存发展。因此，我们必须努力应对这些挑战。实际上，我们的祖先已经这样与自然界斗争了多少万年：用传统方法培育具有各种新的抗有害环境特性的作物和牲畜品种，仍然在生产中继续。

但是，用人工育种的方法培育动植物新品种有显著的缺点。首先，这样的培育需要花费大量的劳动和漫长的时间。如果作物能每年收获一次，那么培育性状能稳定遗传的新物种就需要三四年以上。如果培育过程比较复杂，例如杂交水稻和其他杂交作物的培育，就需要更长的时间，在有些情况下几乎是不可能的。我们的杂交水稻之父——水稻育种学家袁隆平院士，就是在广阔的稻田里，顶着烈日辛辛苦苦地观察寻找了多年，才幸运地发现了一株可以用来培育杂交稻的"雄性不育"水稻植株；而他建立可以用于生产的杂交水稻育种系统，竟用了 9 年时间。如要培育能对抗害虫的农作物，在田间寻找有抗虫性质的作物植株更是极其费力的，而且我们都知道，为寻找抗虫农作物而故意让害虫到田间去吃作物是绝不允许的。因此，必须充分利用我们掌握的科学知识，发明改造生物物种的新方法。

在了解了遗传学的原理后，我们就可以利用这些原理来把我们需要的新的性质加到动植物物种中，创造能对抗自然界不利因素的新物种。如把其他生物的抗虫蛋白（害虫吃了就会被毒死，当然必须对人无害）基因转移到我们的农作物中，让这个抗虫蛋白跟农作物原有的基因一起表达，就能培育成能抗虫的农作物——其体内也有抗虫蛋白，害虫吃了这种农作物也会中毒毙命。这样当然对我们人类是大有好处的。相似地，转基因研究也能把抗盐、抗热、抗寒、抗旱的基因转入作物基因组，创造出不怕盐碱、酷热、严寒、缺水等恶劣环境的作物；还能把营养物质的基因转入作物和猪、羊、牛、鸡、鸭、鹅等畜类、禽类，创造出富含人体需要的各种营养成分的新型动植物，这就是转基因研究的意义。

由于生物的性状是储藏在基因 DNA 中，所以只要把包含新的性状和功能的 DNA 设法插入到生物的基因组中，就可以达到以上的目的。这就是人工"转基因"。用来完成转基因任务的工具，就是分子遗传学和基因工程技术。分子遗传学和基因工程技术能在几天、最多几个月到几年内，完成传统育种方法需要十几年甚至几十年才能完成的任务。而且，分子遗传学和基因工程技术能把用传统方法做起来比较困难的事情，例如培育抗虫害的作物变得非常容易，而且主要的操作在实验室里就可以完成。

以下，我们来简单谈谈科学家是怎样用这些工具，把原来存在于不同物种中的基因"切除"下来，再"安装"到我们需要的动植物体内的。这主要分为两步。第一步是把需要的基因从原来的生物 DNA 中取出，并暂时储存到"基因载体"即质粒中去。第二步是把储存在质粒等载体中的基因转送到一定的生殖细胞中（主要是卵子），再使它们在母本动植物体内生长，直至成为含有转入基因的后代。这里我们主要谈第一步，第二步的操作复杂得多，我们这里就不谈了，有兴趣的读者可以去看有关专著。

分子遗传学和限制性内切酶：回文结构

自从 1953 年发现 DNA 的分子结构是双链螺旋，以及腺嘌呤 A 配胸腺嘧啶 T（A－T）、鸟嘌呤 G 配胞嘧啶 C（G－C）的碱基配对规律后，遗传学研究就向着分子水平的探索迈进。跟随着孟德尔的脚步，科学家们在 DNA 的合成、mRNA 的转录和蛋白质的合成（翻译）等方面，很快就有了长足的进展。这些在本书第二章已经讲过了；这里再复习一下。

DNA 储存遗传信息的办法，是把核苷酸（碱基）的排列顺序（核苷酸序列）和蛋白质的氨基酸排列顺序（氨基酸序列）建立对应关系，也就是"制定"遗传密码。自然界制定的这些密码规定：三个连续排列的核苷酸（三联码）代表一个氨基酸，而且每个氨基酸都有好几个不同的三联码来代表，这些三联码的最后一个核苷酸不同。而细胞把 DNA 储存的蛋白质结构信息取出来的方法，是按照 DNA 的序列，把有关的结构基因"抄写"成信使 RNA（mRNA）。这在分子遗传学里叫"转录"。

RNA 一般是单链，链的局部和同一条链的别处有序列互补，可以自己和自己绞合成像女人用的头发夹子一样的局部双链（叫做"发夹结构"）。RNA 也由 4 种核苷酸连成：腺嘌呤核糖核苷酸（rA）、鸟嘌呤核糖核苷酸（rG）、胞嘧啶核糖核苷酸（rC）和尿嘧啶核糖核苷酸（rU）。RNA 互补的规则是：rA 配 rU、rG 配 rC。同时 RNA 还能和 DNA 配对互补，规则是:rA 配 T、A 配 U;rG 配 C、G 配 rC。

细胞核中的酶系就是按照这些规则,以 DNA 中编码蛋白质氨基酸序列的核苷酸序列作为"模板",精确地合成与这条序列"一字不差"地互补的 mRNA。然后细胞器把合成好的 mRNA 送出细胞核,进入细胞质。mRNA 在细胞质中,被结合到核糖体上,再和运来各种氨基酸的转运 RNA(tRNA)相互作用,最后连接成蛋白质的氨基酸链。完成的蛋白质被释放入细胞质,在其他功能蛋白质的帮助下卷曲成成熟的蛋白质,被运送到目的地去发挥功能。

这些就是基因转化为蛋白质的分子过程,是孟德尔遗传规律的实现。这些重大的科学成就是在 20 世纪三十至六十年代取得的,这些成就是遗传规律在分子水平上的具体化,因此被称为"分子遗传学"。其中,遗传信息的流向:DNA↔RNA→蛋白质(以后发现 RNA 还能逆转录成 DNA,所以 DNA 和 RNA 之间的箭头是双向的),被叫做"分子生物学的中心法则"。当然这远没有包括分子遗传学的全部内容。分子遗传学的其他重要内容,包括 DNA 合成和操控这种合成的规律,以及负责进行这些工作的核酸酶类,还有人工利用这些酶来操控 DNA 的方法,等等。这些内容非常丰富,我们这本小书没法全讲。这里我们只讲一讲与操控 DNA 有关的核酸酶类。

DNA 作为遗传信息的载体,它其实是比较"被动"的。它自己没法复制自己,更没法把自己翻译成蛋白质。这些事情都要细胞的功能蛋白质——酶来做。细胞里有一大批专门"侍候" DNA 的酶。DNA 要复制,就有专门管复制的酶,这些叫做"依赖 DNA 的 DNA 聚合酶"。DNA 到细胞分裂的时候,就要断成许多比较短的片段;负责切断 DNA 的酶叫做"核酸内切酶"。细胞分裂完成后,DNA 又要重新连成一长条,负责连接的酶是"DNA 连接酶"。特别是,科学家在研究细菌的核酸内切酶的时候,发现了一大群核酸内切酶,在人工操控 DNA 时非常有用。这些酶原来是细菌自我保护(限制噬菌体 DNA 进入细菌)用的,所以叫做"限制性内切酶"。

　　限制性内切酶分好几型，科学家在 DNA 操作中用得较多的是二型限制性内切酶。二型限制性内切酶有个很有趣而且有用的特点，它只能在特定的位点切开 DNA，这位点的特征是两条核苷酸的序列呈"回文"结构。什么是"回文"呢？看了下面这四句诗，你就明白了：

莺啼岸柳弄春晴

柳弄春晴夜月明

明月夜晴春弄柳

晴春弄柳岸啼莺

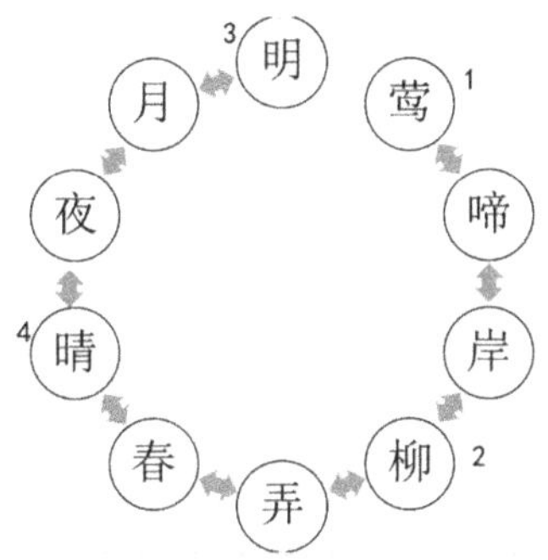

图 19　明代女诗人吴绛雪做的一首回文诗

　　这是明代女诗人吴绛雪做的一首回文诗（图 19，也有人认为是后人把吴绛雪的《咏四季诗》中的一句"莺啼岸柳弄春晴夜月明"以 4/3 字读法读成回文诗的——笔者注）。你看出什么来了吗？原来，这首诗从头读到尾或是从尾读到头，都是一样的！DNA 限制性内切酶切断位点的双链，也有这样的结构。看看几种限制性内切酶的 DNA 切断位点：

EcoRI 酶：　G – A – A – T – T – C

　　　　　　C – T – T – A – A – G

HindIII 酶：A – A – G – C – T – T

　　　　　　T – T – C – G – A – A

BamHI 酶：　G – G – A – T – C – C

　　　　　　C – C – T – A – G – G

HaeIII 酶：　G – G – C – C

C – C – G – G

如此等等。你看，好玩吗？ 大自然和我国古代的诗人一样，也会写回文诗呢！ 不过，诗人的回文诗虽然用字考究，才华横溢，但除了在月明星稀、乌鹊南飞的夜晚，饮酒作乐、朗诵助兴以外，恐怕就没有什么用处了。可是，自然界创作的限制性内切酶的回文位点，用处却大着呢！ 它们可以帮助我们人类改造动植物，来满足我们的物质需要。这是那些文人墨客、状元翰林们做一亿首诗都做不出的！

还要补充一点，这些回文位点的切断处，在两条链上也是相同的。这就使得 DNA 切断后的双链两端，也是一样的，而且是两两互补的。例如：

EcoRI 酶的切断处：

G↓ – A – A – T – T – C

C – T – T – A – A↑ – G

结果断端两头的序列都是 – G、– C – T – T – A – A，有一条链有 4 个核苷酸突出在外面。

这两头如果再对齐：

…… – G – A – A – T – T – C – ……

……C – T – T – A – A – G – ……

突出的两段 AATT 就又能通过碱基互补"黏接"起来。这样的末端叫做"黏性末端"，在基因工程中是非常有用的。它们即使没有 DNA 连接酶的存在也能接合，不过不稳定，温度升高就会散开。

HaeIII 的切断处：

G – G↓ – C – C

C – C – ↑G – G

断头两端的序列都是 G – G、C – C –，这样的末端没有突出的核苷酸，所以叫"平头末端"。平头末端一定要有 DNA 连接酶，才能连起来。

为了在研究工作中利用这些限制性内切酶，科学家和开发商想了大量的办法，成功地从各种细菌体内提纯了多种限制性内切酶，测出了它们的酶切位点，并使它们能被长期保存（在冷冻下或在室温）。现在，分子生物学家们可以非常方便地在科学市场上买到几百种的限制性内切酶，这使得几十年前还想都不敢想的事现在变成轻松地就能实现的日常工作。

基因工程技术：分子克隆

除了限制性内切酶，在这同时，科学家和开发商（一部分科学家后来也转变成了开发商）还开发出了许多能大规模地提取和纯化生物酶的方法，实现了规模化甚至工业化生产生物体内几乎所有的功能酶类，为生物科学、医学科学以及现代化的工农业生产的发展创造了极好的条件。在这样的背景下，从 20 世纪 70 年代开始，科学家们逐渐开发出了人工改造生物基因的一般技术。这种技术就像工业生产中的机械工程、建筑工程等工程一样，能人工地建造自然界本来不存在的蛋白质，或赋予生物（如细菌）原来没有的新的性质，所以被称为"基因工程（genetic engineering）"。这里要请读者注意，这个英文名词的中文不应翻译成"遗传工程"，因为它指的是直接改造生物的基因即 DNA 片断，这跟按照经典遗传学来培育动植物是非常不一样的。

用基因工程技术建造人工蛋白质

如果我们想要让一个细菌在细胞里合成一种哺乳动物的蛋白（就叫它"蛋白 A"吧），我们首先要想办法找到这个"蛋白 A"的基因，测出它的核苷酸序列，然后用各种办法取得它的基因也就是 DNA 片断，例如用从细胞里提取的方法，或者用人工合成的方法。现在，假设我们已经得到了这个 DNA 片断。那么怎样才能让一个细菌的细胞能"生产"（或者用专业一点的词汇，"表达"）这个蛋白呢？细菌体内有现成的蛋白质合成机器，就是核糖体、转运 RNA－tRNA、各种氨基酸和各种相应的酶等。现在需要的只是我们想表达的那个蛋白的信使 RNA－mRNA。而且，细菌细胞里还有各种转录酶类，只要把合适的基因送进去，它们自己就会给你把

mRNA 合成(转录)出来。因此,我们要做的只是建造一个合适在细菌中被表达的、带有想合成的""蛋白 A"基因的人工 DNA。说到底,我们最好能够找到一个本来就可以在细菌细胞中被表达的 DNA,再把我们的基因连接上去,不就行了吗?

这样的能在细菌中表达的 DNA 的确是有的,它叫做"质粒"。

质粒是一种环状的 DNA(图 20),主要存在于细菌中。质粒自己可以被细菌的 DNA 合成酶系复制、数目不断扩增。它比细菌的主要 DNA(注意,细菌没有细胞核,所以我们就叫它"染色体 DNA"吧)扩增得快得多:一个细菌只有一个染色体 DNA,不会再增多;但是,只要有一个质粒钻进细菌,不要很久就会增殖成很多个,有的甚至可达上千个。质粒上本来就带有几个基因,像细菌的抗生素抗性基因,以及质粒自身扩增需要的基因。因此,质粒是我们把要合成的蛋白的基因装载上去的最好的载体。也就是说,如果我们"塞"进细菌的质粒带有我们想制造的蛋白的基因,那么如果细菌"觉得合适"的话,就会自动在它们体内为我们制造出那些蛋白来。这样,科学家就实现了让细菌为人类生产新型蛋白质的目的。

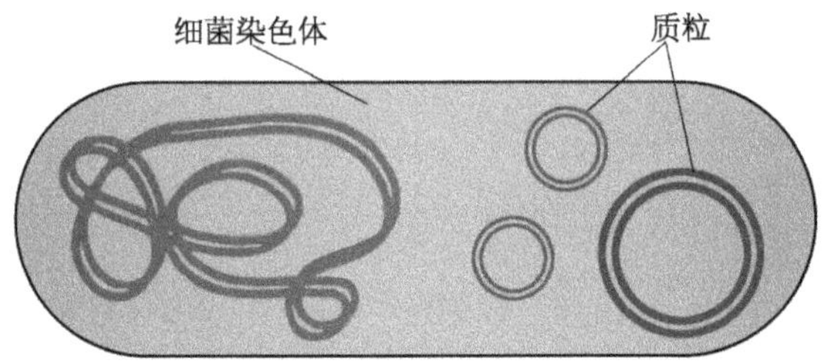

图 20　质粒示意图

科学家早就看中了质粒在人工制造蛋白质上的用处,因此已经把自然界的细菌中差不多所有的质粒都提取出来了,并且测定了它们的核苷酸序列。当然,它们上面有些什么限制性内切酶的位点,也都弄得一清二楚,画成了图(叫限制酶酶切图,又叫"物理图")。不仅如此,科学家们还对自然界的质粒做了大量的改进,建造了很多有特殊用途的人造质粒,像把噬菌体和病毒的 DNA 序列连接上去的质粒,甚至把一部分大肠杆菌的基因组 DNA 也连了上去的巨型质粒，等等。这样，科学家手里就有了足够使用的工具，可以随心所欲地建造人工蛋白质，当然还可以用于其他的用途。

在做了这些准备工作以后，建造人工蛋白质的工作就很简单了。不过我们在动手做实验之前，正像我们前面讲过的一样，要多动动脑筋。首先，怎样才能把质粒 DNA 跟我们的"蛋白 A"DNA 连在一起？第二，怎样使细菌的转录酶（第三章讲过，又叫"依赖 DNA 的 RNA 聚合酶"）把我们的"蛋白 A"基因正确地转录成 mRNA？第三，怎样把建造好的质粒 DNA 送进细菌细胞里去？特别是第四，怎样不让没有带上我们的质粒的细菌也胡乱生长起来？如果是那样，我们的人工蛋白质肯定做不成。这些问题，在做基因工程实验以前，是非解决不可的。当然，在我们讲这些事之前很久，科学家们就已经解决了这些问题了。

重组质粒的构建和抗生素抗性的利用

我们需要懂得：负责合成 RNA 的酶，也就是我们前面讲过的"依赖 DNA 的 RNA 聚合酶"，它开始合成与 DNA 的基因互补的 mRNA 之前，必须和 DNA 结合。这个结合不是随便乱来的，一定要有一个专一的位点才行。这个位点也有一定的 DNA 序列，和限制性内切酶的位点有点像，但不是回文结构。在质粒上，这样的 RNA 聚合酶结合位点原来是有的。如果我们想叫细菌的"依赖 DNA 的 RNA 聚合酶"也把"蛋白 A"基因正确地转录成 mRNA，就必须把"蛋白 A"基因连接在质粒的 RNA 聚合酶结合位点后面。这样，RNA 聚合酶结合上质粒 DNA 以后，就会滑动到"蛋白 A"基因的 DNA 上，开始进行 mRNA 的合成。

为了把"蛋白 A"基因的 DNA 连接到质粒 DNA 上去，科学家们先找到质粒上在 RNA 聚合酶结合位点后面有限制性内切酶酶切位点的地方，用那个限制性内切酶把 DNA 切成单链，做成黏性末端。同样，把"蛋白 A"基因的 DNA 两端也弄成同样的黏性末端（可以用人工合成的办法，也可以用酶切的方法）。

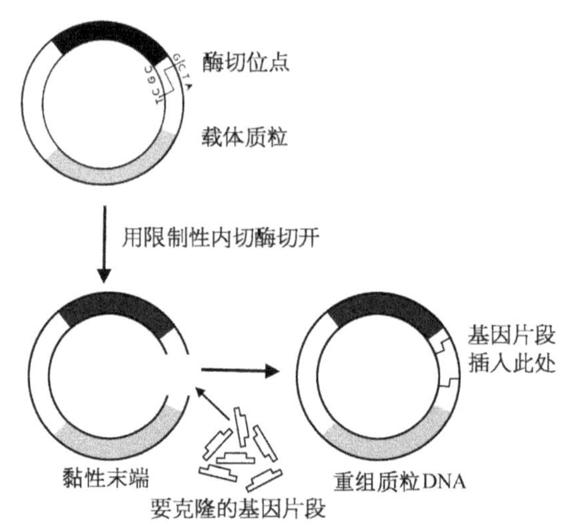

图 21　重组质粒的构建

　　然后,把切好的质粒 DNA 和"蛋白 A"基因的 DNA 在适当的溶液中混合在一起,再加入 DNA 连接酶的溶液,使两段 DNA 连成一条。这样就做成了带有"蛋白 A"基因的新的质粒,我们叫它"重组质粒"(图 21)。在构建重组质粒的时候,有一点极其关键,就是要让我们的重组质粒带有一定的抗生素抗性,而没有带上"蛋白 A"基因的质粒就不带这种抗性。不过这一点有时没法一步就做到;如果一步做不到,就要通过在含抗生素的固体平板培养基上人工挑选的方法,分几步来做到。

细菌的感受态和 DNA 转化、分子克隆

　　下一步就是要把带"蛋白 A"基因的重组质粒想办法送到细菌细胞里面去。送进细菌后,质粒 DNA 就会被细菌的各种酶系"操来弄去",扩增起来,"蛋白 A"基因也会被转录成 mRNA 并和细菌的核糖体结合,翻译成"蛋白 A",总之一切就好办了。因此,把重组质粒导入细菌又是关键性的一步。

　　我们知道,细菌和哺乳动物细胞的最大差别就是细菌有细胞壁。细菌细胞壁是一层很厚很坚韧的东西,是蛋白质和多糖的复合物(叫"肽聚糖")构成的,虽然并不致密,但 DNA 根本透不过去。因此,我们要把重组

质粒送入细菌体内,必须先把细菌细胞壁剥掉,至少把细胞壁弄出裂缝。科学家在实验实践中发现,氯化钙的稀溶液能把细菌细胞壁剥开,使细菌的细胞质裸露在外面,形成"原生质体"。这样的原生质体就能吸附质粒DNA,并把它吞入细胞质内,也就是能"感受"外来DNA,所以叫做"感受态"细菌。因此,只要先用氯化钙的稀溶液处理细菌,就可以顺利地使重组质粒进入细菌体内;这个过程叫做"DNA转化"或"质粒转化"。然后,经过一系列的使细菌恢复活力的培养处理,体内带有重组质粒的细菌就能大量繁殖,并完成蛋白质合成的全过程。当然,还有别的方法把质粒送入细菌体内,如电击、基因枪等,我们这里就不多说了。

实际上,这种使重组质粒在细菌体内增殖的技术,主要还是用于科学研究,特别是生命科学的研究。例如我们可以把想深入研究的一个或多个基因,安装在质粒上,再转入细菌体内,等于把那些基因"保存"在细菌中。细菌可以在低温下(一般在甘油溶液里,在 −70℃低温冰箱中保存)储存几十年不死不坏,因此可以在任何时候把它们重新取出来,培养扩增,提取质粒DNA进行研究,这叫做"分子克隆"。分子克隆现在是常规生命科学研究实验室的普通技术,每一个生命科学专业的研究生,甚至一部分高年级大学生,都会运用这种技术。

转基因用于分子生物学研究

转基因的动植物一开始只是用于生命科学研究的一种手段,特别是分子生物学的研究。

我们研究生命科学,包括生理学、生物化学和分子生物学,目的都是为了搞清楚人类和其他生物的生存原理,以更好地保护我们人类的健康,使我们人类作为一个物种,在地球上更加持久地繁荣,甚至能在以后把我们的生存空间扩展到地球以外的星球上。为此,需要进行许多与人体有关的研究试验。但是,除了在特殊情况下(例如对经过仔细的实验室研究的药物所做的临床试验)以外,直接在人身上做试验,是违反人类伦理道德原则的，当然是不允许的。在这种情况下，科学家只能把其他的动物物种加以可能的改变，使它们接近人的身体结构，拿这样的动物来模拟人体进行实验。为此，就出现了"转基因"的动物。

在生物科学研究中最常用的"转基因"动物是转基因小鼠。从原理上说，如果我们想研究一个基因的生物学功能，就可以用分子克隆和转基因的方法，把它"安装"到合适的小鼠身上去，再观察小鼠从宏观行为到分子生物学活动都发生了什么变化。例如被转入了"绿色荧光蛋白基因"的小鼠，身上就有绿色荧光蛋白存在，在紫外灯的强烈紫外光的照耀下，小鼠的眼眶、耳朵、背部的一部分和尾巴，都发出了草绿色的明亮荧光！这是怎么回事呢？原来转入小鼠体内的绿色荧光蛋白基因，能生产（合成）出绿色荧光蛋白来。这就使得小鼠含绿色荧光蛋白较多的地方能在紫外光下发出美丽的绿色荧光。

多种海洋动物中都存在有各种各样的发光蛋白质，这里被转入小鼠基因组内并能表达的这种绿色荧光蛋白，是从一种叫做"维多利亚多管发光水母"的海洋生物中分离出来的。科学家看准了这种蛋白在紫外光激发下能发绿色可见光的特点，就拿它做基因表达的"标记"，把这种发光蛋白的基因和想要研究其表达情况的基因连在一起，然后用分子克隆和转基因的方法把这样的"融合基因"转入要研究的生物细胞。这样，在荧光显微镜下，我们就能一目了然地看到这个基因在细胞的什么地方表达，而且能从荧光的强弱判断基因表达的量的多少。事实上，还有其他的荧光蛋白如红色荧光蛋白的基因，也已经被分离出来，并且已经在细菌和其他动植物细胞中表达，为科学研究发挥它们的功用。

当然，转基因研究更重要的目的，是要为了更加高效地发展农业和畜牧业生产，高效培育能对抗各种病虫害和恶劣自然条件的农作物、家畜及其他经济生物，为人类提供更加营养丰富的、多种多样的食物以及经济作物，不断改善人类的生存条件。现在，我国科学家和世界许多国家的科学家，都在本着为人类服务的基本精神，努力地进行着转基因科学研究。转基因研究，是科学界为世界人民所做的巨大贡献之一！

服务于农业生产的转基因研究及其面临的问题

在讲述了转基因研究的原理和一些基本做法以后，相信读者对于"转基因"已经有了基本的了解。但是，这当然不是说转基因研究和转基因产品就什么问题也没有了。读者对于转基因和转基因产品一定还有不少的疑问（那些居心不良的造谣者除外）。因此，笔者认为，在这里说说自己的一些看法，也许是合适的。

转入什么样的基因：要转入基因的选择问题

首先，当然要保证想转入目标作物的外源基因第一对人完全无害，第二有满意的预期效果。例如抗病和抗虫基因，其基因产物必须是人吃了不会中毒或生病的，特别是在长期食用的时候。如果不是转入给人吃的作物里，那就比较好办，但是也要保证不会给人体造成损害。像棉花，如果要转入抗病或抗虫基因，那这种基因的产物与人体接触时必须不引起不良反应，特别是长期接触时。这些是大家都理解的。

但是，这还是"说到容易做到难"。现在有些基因，像苏芸金杆菌的抗虫蛋白 Bt 的 δ 内毒素基因，其毒杀鳞翅目（蛾类）、双翅目（蚊蝇类）、膜翅目（蜂类和蚁类）、鞘翅目（甲虫类）昆虫和线虫类的能力很强，而且它的基因序列已全部测出。因此，这种抗虫蛋白基因已经被转到多种农作物的细胞核里，使得这些作物获得了抗虫害的能力，棉花就是其中很重要的一种。我国已批准这样的转基因棉花大面积种植。

比利时的一家公司还第一个把 Bt 的 δ 内毒素基因转入了供人食用的马铃薯。后来美国环境保护署（Environmental Protection Agency，EVA）认定这种转基因马铃薯是安全的，并批准其在美国上市。可是，没过几年，这种马铃薯就没人要了，最后只好退出美国市场。此外，美国的孟山都公司研发出了带 Bt 基因的大豆，这种大豆通过了巴西政府的检查程序，被投放在巴西市场。

Bt 的 δ 内毒素基因究竟对人有没有害，是大家都关心的问题。美国科学家对此进行了多方面的研究,包括短期和长期毒性、致敏性、对环境的影响等,其总的结论是对人无害。但是,我国有人对这些结论持怀疑态度。对此,笔者以为:第一,对于国外的研究结果,尤其是长期的、多方面的研究结果,在没有足够的证据推翻这些结果之前,应当予以尊重。第二,如果我们的实验和国外实验的结果不一样,就需要重复做,直到得出可重复的、可信的结果。科学家必须完全从事实出发,一切不符合事实的结论或推论都不可取。

把抗病虫害基因转入作物细胞核,是提高作物的抗病虫害能力的快速途径。因此,转基因研究者的一项重要任务,是在自然界寻找更多的抗虫基因和抗病基因。这是一项长期的任务,可能有必要由国家设立专项研究计划,提供足够的资助。

农牧业上转基因研究的又一个重要的目标,是创造含更多更优质养分、更高产的粮食、牲畜和蔬菜水果,以供应人民的生活需要,例如使大米含有胡萝卜素和必需氨基酸,使猪增加瘦肉、减少脂肪。世界包括我国的科学家正在为此而努力。

此外,设法把人的有关基因转入动物体内来生产用于治疗一些遗传病的蛋白药物,如把人凝血因子蛋白基因转入牛、羊等动物的细胞,使它们体内能合成人的凝血因子,也是转基因研究的一项重要课题。十几年前我国媒体曾报道过国内的研究进展消息,希望这些研究成果能尽快实现市场供应。目前美国惠氏制药有限公司已经把重组(即转基因)人凝血因子 IX 卖到中国来了,当然贵得要命,据说还不能在医保中报销。如果我国研制的价廉物美的重组人凝血因子 IX 能在市场上供应,对国内血友病病人将是一件多么好的事!

转基因作物长期栽培会有什么变化:转基因作物的"转归"问题

这个问题比上一个复杂得多,而且广大群众对此也给予很大的关注。应当说,不论国内还是国际,现在都没有证据表明转基因作物在长期栽培中会发生诸如营养价值降低、产量减少等的不利变化。但是,我们在栽培转基因作物的时候应当密切注意这些作物的任何变化，及时采取措施，包括改变种植技术、剔除生长不佳的植株，在极端的情况下甚至终止栽培等。也就是说，任何一种新的转基因作物，在大规模种植之前，一定要经过各种规模的栽培实验，观察结果；只有通过了各种严格的实验，证明对人有益无害，适于大规模田间种植，才能进入生产性实验。我国在这些方面一直抱很谨慎的态度，对于这些，广大人民群众是可以放心的。

有一些人对转基因作物对于生物圈的长期影响表示担忧。他们认为，不管怎么说，"转基因"终究是人为的，和天然的进化过程没法比较；自然界自己会选择进化的道路。如果今天人为地把一些基因插到作物细胞核里去，这些基因以后不知道会在细胞核里发生什么变化，谁知道会不会发生一些你根本料不到的变化呢？谁知道这些转基因的东西哪一天不会骑到你的头上来作威作福？

这种担忧表面看似乎有点道理。的确，我们无法保证我们造出来的转基因作物今后不发生任何意料之外的事。但是，在进行转基因操作之前，科学家们对于他们要操作的基因一定已经有了充分的了解，任何一个合格的科学研究者（除了塞拉里尼之流）都不会贸然用不熟悉的基因来做转基因实验。因此，对于转入了新基因的植物会发生什么状况，科学家们基本上是心里有数的。至于转基因植物是否会发生什么稀奇古怪的变化，那不用我们操心。就像有人担心电脑控制的机器人有朝一日会奴役人类一样，担心转基因植物会毁灭人类也是杞人忧天。转基因植物不可能破坏自然界的物种进化过程，因为我们人类自己也是自然界的一部分。即使发生了原来没有估计到的情况，科学家也是有办法处理的，绝不会发生什么不可挽回的灾祸。

转入转基因食物中的外源基因会转到人体内吗：转基因对人的"危害"问题

这个问题是在网上被"炒"得最凶的，也是广大群众最关心的。的确，如果"转基因"转到人身上去了，那还了得！那人不知道会变成什么样子了呢！

其实，这也是我们根本用不着担心的事。

第一，从原理上看，一个基因要发挥功能，需要严格遵循一定的条件，最基本的是：这个基因必须完整地存在细胞核中；它周围必须有各种"为它服务"的功能蛋白质；它必须和细胞核中与它相关的其他基因建立联系。这样的条件，别说我们吃进肚子里去的食物里面含有的"转基因"没法实现，它们早被嚼得七零八落、被胃液肠液消化得一干二净，又被肠道的细菌"吃"得只剩下一丁点渣滓了；就是故意把那些"转基因食物"磨成浆，打针打进什么动物身上去，也百分之九十九点九九是没法使它们的"转基因"进入动物的细胞甚至细胞核发挥作用的。像前面我们讲过的，如果真要外源基因进入特定动物的细胞核，就得运用分子遗传学的研究方法，进行基因工程的实验才行。

第二，就我们的日常生活看，我们人类自从诞生开始，多少万年来，不是每天都在吃各种动植物吗？在发现用火以前，不是还生吃那些动植物吗？有什么动物植物的基因在人身上长起来过？实际上，虽然转基因——横向基因传递到处都有，但是外源基因要越过人和其他脊椎动物的消化道的层层破坏和阻隔，完整地进入循环血液、进入体细胞，再进入细胞核，直至发挥功能，可以说是根本不可能的。不然的话，恐怕我们就会看到长绿叶、披羽毛的"人"了！同样道理可知，所谓"吃了转基因食物会三代绝种"纯属毫无根据的谣言。

在法国的"转基因致癌"伪科学事件中，塞拉里尼等就说他们的大鼠长癌瘤是因为转基因玉米的转进去的基因进入了大鼠细胞里，不仅表达出来，还能过量表达所引起的。这种胡说在欧美电视和报刊的拼命炒作下，的确蒙骗了欧美多国大批的善良民众，也被我国一些心怀鬼胎的人利用来造谣生事。其实，戳破这些鬼话是很简单的：塞拉里尼等人根本拿不出一点证据，证明他们的带瘤大鼠的瘤子里长着转入转基因玉米的抗除草剂基因。而要证明这一点极其容易，只要做一次针对该基因的PCR（见后文第八章）就行，所以这只能证明：塞拉里尼是一个彻头彻尾的伪科学家和骗子。

另一方面，科学家们在进行转基因研究的时候，首先考虑的就是转什么基因的问题。我们的绝大多数科学家是对人民负责的，不会把对人有害的基因转进供人食用的动植物里去。同样我们的政府对于转基因研究和转基因产品也有严格的监控措施和法规。当然，作为普通老百姓，广大群众可以而且应当持续地监督政府和科学家的工作，确保没有对人不利的转基因产品跑到我们的餐桌上和住所里。我们相信，转基因研究只会给我们带来越来越丰富的转基因产品，使我们的农业、林业和畜牧业生产越来越先进，不断增进人民的健康、提高人民生活水平。

因此，"转基因"是福，不是祸！

遗传病解密

基因、等位基因和遗传病

在讲这些之前，让我们先把讲过的东西复习一下，也讲些新东西。

前面我们讲过，基因就是细胞核里的 DNA。DNA 在细胞不分裂时，是一条长长的细丝，分布在细胞核里。这条细丝周围有许多蛋白质分子包围着，在显微镜下看起来，就像是一团云雾一样的物质，用碱性的苏木精能染成深蓝紫色，叫染色质。当细胞开始分裂时，染色质就活动起来，变成一条一条的东西，每一条都有一定的大小形状，叫染色体。

每一种生物的细胞核染色体的数目和形状都是固定的，而且很有趣，每种染色体都是成双成对的。染色体的数目反映着这种生物含有的基因的多少，基因越多，染色体也越多，生物的身体结构就越复杂。第三章说过，果蝇的细胞核只有 4 对染色体，所以这种小动物身体结构比较简单。我们人类的染色体比果蝇多得多，总共有 23 对染色体。这 23 对染色体中，有 22 对是男女都有的，叫常染色体；还有一对是男女不同的，叫性染色体。性染色体有两个，形状不同，一个长点的叫 X，一个短的叫 Y。男人有一个 X 染色体和一个 Y 染色体，女人有两个 X 染色体，没有 Y 染色体。男人也好，女人也好，都只有一个 X 染色体是有活力的，女人的另一个 X 染色体则缩成一小团，显微镜下很清楚，叫做"巴氏小体"。巴氏小体是女性的细胞特征，不管女的怎样"女扮男装"，这个巴氏小体是藏不住的。哇，男人和女人的每一个细胞都不同！

　　这些染色体,因为形状各异,很容易辨认出哪个是哪个。一对染色体上的基因是互相对应的,因此一个生物体就有两套基因,一套来自父亲(或雄性),一套来自母亲(或雌性)。各个基因在染色体上都座落在一定的位置,就像电影院里对号入座一样,这些位置叫"基因座",又叫"基因位点"。这些基因座已经由我们的先辈科学家确定好,就像在地球上安放的经纬坐标系。一对染色体上对于每个基因座,都有(至少)两个基因,就像电影院里有两个同样的座位号,可供两个观众就座。这两个基因叫做"等位基因"。

　　前面还讲过,基因即有遗传效应的 DNA 片断经常遭到外界的物理和化学因素的侵袭,一些碱基被破坏。我们人类的细胞核有非凡的自我保护能力,当 DNA 被损伤时,细胞里的修复系统酶就自动开动起来,把被破坏的碱基切除掉,再把新的碱基补上去,这样维持 DNA 序列的不变。但是,有些时候 DNA 被破坏得比较严重,修复系统虽然能恢复 DNA 双链,却没有完全补好原来的碱基,留下了部分和原来不同的碱基,也就是突变位点,使复制出来的蛋白分子带有缺陷。如果这些蛋白质是负责细胞的重要功能的话,那么缺陷就会使这些功能受到损害,影响细胞的生存乃至人体的功能,让人生病。而且,这些 DNA 突变还会随着生殖细胞的发育传到后代,使后代也生同样的病,这就是遗传病。

显性遗传和隐性遗传

表型

　　人的一切"表现",从男女、高矮、皮肤颜色是黄白还是黝黑、头发是黑是金黄还是红棕、角膜是棕色还是蓝色、鼻子是高还是矮,手指、手掌和脚趾的纹路,脸型的特点、毛发的分布等外观,到五脏六腑等内在器官,甚至从大脑到腿脚的各部分,都是由基因的表达所形成的。也就是说,各个基因所编码的蛋白质,在细胞里被合成出来以后,就被运到细胞各部分,发挥各自的作用,构成各种各样的细胞像神经元细胞、血管内皮细胞、肌肉细胞、心肌细胞、肠黏膜细胞等，这些细胞又互相配合，共同组成人的组织、器官乃至整个人体。还有一部分基因起着控制其他基因表达的作用，它们自己可能不表达蛋白质，但是别的蛋白质是否表达、如何表达，都要由它们监管。可见，基因表达的过程是极其复杂的，是由大量基因的紧密而精确的配合工作来完成的。人的基因组 DNA 总共含有大约 4 万个基因，现在大多数基因的功能还没有研究清楚。基因表达形成的所有这些表现，都叫做"表型"。

显性遗传和隐性遗传

现在，在分子生物学和分子遗传学时代，我们把一个基因座上的能发挥功能的基因叫做显性基因，而在同一基因座上（别忘了，一对染色体有两个同样的基因座）不能发挥功能，或者所发挥的功能不及前一个基因强、因而被其掩盖的基因，叫做隐性基因。"发挥功能"指的是合成有功能的蛋白质，或以其他方式起调控作用，如玉米的 *Ac* 和 *Ds* 基因通过"跳跃"方式的调控作用，等等。例如人的各种酶，包括细胞内的酶和分泌出细胞的酶，它们的基因都是显性的。调控人体内各种代谢的功能蛋白质的基因，也是显性的。而有些基因虽然与显性基因处于同一个基因座，但是结构上与那些显性基因有所不同，因而产生的蛋白质功能比较弱，这些就属于隐性基因。这些隐性基因中，有的是突变了的原显性基因，有的是在进化过程中形成的没有功能的基因（叫"伪基因"）。

显性基因只要有一个等位基因表达出来、而另一个与它不同的等位基因不表达或表达较弱（对该基因"杂合"），就能显现出特定的表型。而隐性基因因为不表达功能蛋白质，或表达的功能蛋白质活力很弱，单独一个等位基因表达不足以形成表型。只有和它对应的那个显性等位基因不表达时，或是这个基因座上的两个基因都是相同的隐性基因时（对该基因"纯合"），才会形成表型，而且形成的只是缺乏那个显性基因时的表型。例如，如果在一个基因座上有一个使花朵开红花的基因，还有一个产生无色物质的等位基因。那么，如果在这株花的后代植株上，开红花的基因是"好的"——能合成红色色素，那么不管它的等位基因表达不表达，这朵花一定是红的。但是如果红花基因发生突变不能表达红色色素了，在后代植株上这个基因座上将只剩下表达无色物质的基因在表达，那这朵花只能是无色（白色）的。前一种情况就是显性遗传，后一种情况是隐性遗传。

单基因遗传病和多基因遗传病

人类是经过多少亿年的漫长的进化过程，经过了多少极其复杂的基因变化、包括基因的遗传（纵向传递）和横向传递（转基因），才达到今天这样的状况。今天，人类高居地球上生物界之巅。但是，如此漫长的沧桑岁月，在严苛的自然变化中，无数的诱变因素不断的作用，也在人类身上埋下了许多的隐患。我们细胞里的 4 万个基因中，有相当一部分是没有功能的伪基因，也有许多功能不全的"生病的"基因。这些基因随着我们结婚生孩子，不断地向后代传递，这样就造成了许多的病症。和外来病原体引起的疾病不同，患有来自父母基因的疾病的人们，说起来你别害怕，他们的每一个细胞都有病！这是应当引起我们高度警惕的。当然不是所有有病的细胞都会引起身体的病变，但引起身体病变的细胞将对人的身体造成恶劣影响，甚至危及生命。即使不是很严重的疾病，遗传带来的缺陷也会给你的生活和工作带来很多的不方便。

现在医学家已经发现了几千种与遗传有关的疾病，对少数遗传病还做了较为深入的研究。遗传病可以大致分为单基因遗传病和多基因遗传病。

单基因遗传病

单基因遗传病又包含显性遗传病和隐性遗传病。单基因遗传病的遗传方式遵循经典的孟德尔遗传定律，可以从父母的基因型准确地预测子女的相应基因型和发病的可能。举几个例子（见下页表1、表2）。

表 1　单基因显性遗传病

病名	发病概率
家族性高胆固醇血症	平均 500 人中一例
多囊肾	平均 1 250 人中一例
I 型神经纤维瘤	平均 2 500 人中一例
亨廷顿舞蹈症	平均 15 000 人中一例

表 2　单基因隐性遗传病

病名	发病概率
镰刀形红细胞贫血	平均 625 人中一例
苯丙酮尿症	平均 12 000 人中一例
白化病	平均 20 000 人中一例
肝豆状核变性	平均 30 000 人中一例
地中海贫血	发病概率不详,但中国有 3% ~ 8% 的人带有患病基因

还有一些遗传病是"男女有别"的,有的主要遗传给男的,有的主要遗传给女的。这是因为发生突变的基因是在性染色体上,叫做"性连锁"(什么叫连锁,我们在第三章讲过,见本书第 34 页)。例如表 3:

表 3　遗传病"男女有别"

类别	病名举例	发病概率
性连锁单基因显性遗传病	低磷酸盐性佝偻病	发病女孩多于男孩,突变基因在 X 染色体上。约 25 000 个存活婴儿中一例
性连锁单基因隐性遗传病	进行性肌营养不良	主要为男孩发病,突变基因在 X 染色体上。约 7 000 个存活婴儿中一例
	血友病	主要为男孩发病,突变基因在 X 染色体上。约 10 000 个存活婴儿中一例

X 连锁显性遗传病的突变基因在 X 染色体上,而两个 X 染色体是女性的特征,因此女性会发病;男性只有一个 X 染色体,所以突变基因的表达必定会是显性的,也就是说男性也会发病。但女性的双 X 突变基因的表达强度要比单 X 基因高,更可能发病,所以女病人比男病人多。而 X 连锁隐性遗传病的隐性突变基因在女人一般只有一个 X 染色体有,另一个 X 染色体上的相应的等位基因是正常的,所以这样的女人不大会发

病。而只有一个 X 染色体的男人，如果遗传来了隐性突变基因，他就必然缺乏这个基因产物，所以会发病。一个例子是红绿色盲。红色盲基因和绿色盲基因都定位在 X 染色体上并连锁，相对于感觉红色和绿色的基因为隐性。因此，患红绿色盲的男人（在我国约占男人的 5%）大大多于女人（在我国约占女人的 1%）。

多基因遗传病

有很多遗传病是多个基因发生突变的共同结果。这些突变基因作为人细胞基因组的一部分，不断地向子代传递，同时也把这些遗传病带给了后代。另有一些疾病有遗传基因的因素，但也有其他因素参与，这些疾病的起因就更复杂些。一般说，多基因遗传病并不遵守孟德尔遗传定律，也没有明显的男女区别。我们周围常见的许多疾病，如高血压、糖尿病、肥胖、哮喘等，都可以归于多基因遗传病。特别是癌和其他恶性肿瘤的多基因遗传病性质，已经越来越引起医学家的注意。

我们可能听说过，一家人当中，如果爷爷奶奶生癌，儿女或孙子孙女中很可能也会有人生癌。有这样一家人，母亲先因胃癌去世，十几年后大女儿患结肠癌去世，几年后二女儿又生了乳腺癌。这个家系所得的癌有两个显著的特点：一是异常高发，家庭成员 5 个人就有 3 个人生癌，二是三个癌中有两个是同类型的癌，即消化道癌。从这两点看，这些癌就可能具有显性遗传的背景。

对家族性癌的发病和遗传的关系，现在一般的解释是：先辈遗传下来的不是"生癌的基因"，而是对癌的"易感性基因"，也就是说有些人由于遗传原因比较容易受环境中致癌因素的影响。不同的人对于环境中的不利因素，反应肯定是有差别的。因此，我们一定要注意，在日常生活中尽可能避免受各种致突变因素的作用。像尽量少吃烧烤食品尤其是烧烤肉类，少吃带有各种真菌的食品如臭豆腐，少喝酒，尽量不要喝烈酒。夏天太阳光照厉害的时候，外出尽量不要光着身子，最好戴能挡掉紫外线的防护眼镜。特别是（前面也讲过）现在科学界和医学界都已经证明，吸入含有香烟烟雾的空气，即"吸二手烟"，对人同样具有致突变作用，也就是说，照样能导致人患癌！因此，这里笔者还要啰嗦一句，现在还在吸烟的那些朋友们，请不要再说"我吸不吸烟关你们屁事"了！你吸烟害苦你自己不算，还在害苦你周围的许多本来不吸烟的无辜人们！不客气地说，吸烟等于对你自己和周围的人们放毒气！不要吸烟对于你来说应该是可以做到的。而且，对于那种目的是使吸烟者吸得更"舒服"、使香烟更"可口"、使烟草制造更加"先进"而得到烟草商吹捧的所谓"科学""研究"，是应该鼓励还是应该限制乃至禁止，读者自然会有自己的看法！

原发性高血压也是常见的多基因遗传病，现在科学家对可能有关的一些基因正在紧张地进行研究，主要有：血管紧张素原基因、血管紧张素转换酶基因、血管紧张素 II1 型受体基因、α_{2A}肾上腺素受体基因、β_2肾上腺素受体基因、G 蛋白 β_2 亚基基因和 α 内收蛋白基因等[1]。但是这些基因到底与高血压的发病有没有关系，还没有搞清楚。高血压也可以由单基因的突变引起，这种类型的高血压主要是肾脏的问题导致的。

老年痴呆症也是一种多基因遗传病，家族中有老年痴呆症病人的人，自己生这病的概率要比其他人高好几倍。不过，只要尽早进行加强大脑功能的锻炼，如练习记忆等，发生老年痴呆症的可能性就会显著降低。

人的表型是多个基因的表达和相互作用共同造就的。人体的功能也都是多基因共同表达的结果，例如眼睛（视觉）、耳朵（听觉）都是成百上千个基因的表达产物蛋白质所构建和形成的。因此，表现上是同一种的遗传病，实际上可能由不同的基因突变所导致。例如先天性聋哑就可以有多至三十多个基因座突变的参与，并且能有常染色体显性、常染色体隐性和 X 连锁 3 种遗传方式，由此可见遗传病的基因基础的复杂性。

（四）遗传病的治疗和预防问题

遗传病的中西医治疗

笔者上面说了这么多，读者恐怕要责怪："遗传病那么吓人，生了遗传病的人不是没救了吗?"亲爱的读者朋友们,不必过于担心。

现在大多数遗传病是可以治疗的。西医通过内外各科的各种治疗方法,即使不能改变突变的基因本身,也能削弱或消除其对人体的不良作用,达到缓解症状或在某种意义上、某种程度上治愈的效果,这叫"表型治疗"。

另一方面,我们的医学前辈早就对这些疾病胸有成竹。我国伟大的医学宝藏——中医药学,已经对各种疾病有了有效的医疗手段,包括遗传病。"辨证论治"是中医治疗的重要手段,针对遗传病所表现的"证候",依照中医理论,中医大夫有能力治疗绝大多数的遗传病见效,有些遗传病已能显著好转,例如肝豆状核变性[2]、地中海贫血[3]等。对一些严重的遗传病的治疗,如进行性肌营养不良,中医学家也在积极研究探讨中[4]。对于多种常见的多基因遗传病,如原发性高血压、糖尿病、哮喘、心血管疾病、恶性肿瘤等,中医药也有有效的治疗方法,能够显著地缓解病情,改善病人的生活质量,对重症病人能延长病人的生命。

但是,笔者觉得,中医学要在医学遗传学方面有重大突破,中医基础理论的现代化是必要条件。中医基础理论和其他现代生物科学一样,来源于实践又结晶自实践,也只有与现代生命科学融为一体才能飞速发展。笔者曾写过:以阴阳五行为基础的中医传统哲学理论,还像马克思形容的黑格尔哲学那样,藏在"神秘的外壳"中,还在"倒立着"。只有把它"倒过来",从神秘的外壳里找出合理的内核,才能使这个伟大的宝库充分放射出灿烂的光辉[5]。这还需要我国中西医研究者和生物学家们的持久不懈的艰苦努力,更需要国家的长期和更强的支持。

笔者认为,和发生自欧洲的基因科学一样,我国的中医药学也是来自医药和治疗的实践并在数千年的医疗实践中被证明是具有强大生命力的。那么,中医药学和西医学"并肩作战",一定能把无法治愈的遗传病的种类越减越少,治疗遗传病的战斗一定能取得越来越大的胜利!

遗传病的预防问题

1. **基因诊断**　既然遗传病是来自上一辈传给后代的患病基因,那就可以在后代来到人间之前甚至他（她）的父母亲结合之前，就知道他们带有哪些患病基因，就可避免带有这些患病基因的婴儿出生。这就是婚前或产前的基因诊断。

《中华人民共和国母婴保健法》规定，医疗保健机构应当为公民提供婚前卫生指导、婚前卫生咨询和婚前医学检查，而婚前医学检查首先包括对严重遗传性疾病的检查。而当女方已经怀孕时，医生应当对胎儿进行产前检查和产前诊断，如果诊断结果发现胎儿患有严重遗传病和严重缺陷，医生应当提出终止妊娠的医学意见。

现在我国各地妇幼保健院和医院都开展了这些方面的检查，如对原发性癫痫、进行性肌营养不良、地中海贫血、唐氏综合征等的基因检查和诊断。这些措施避免了许多家庭受到养育目前还无法治愈的严重遗传病患儿的折磨。基因检查和诊断的原理，是利用一种叫做"聚合酶链式反应"的分子生物学实验技术，这种技术我们后面会讲。

2. 基因治疗　　像外科医生开刀治疗外科病一样，很久以来，科学家和医学家们就在探讨这个问题：能不能把遗传病病人的"坏"基因都换成"好"基因呢？这些基因换掉了，遗传病的病根不就除掉了吗？

这当然是十分诱人的设想。科学家们想把正常基因安装在质粒或病毒载体上，把这样的重组质粒或病毒引入遗传病病人体内，希望这些质粒或病毒能表达病人缺少的功能蛋白质，从而把病治好。但是事情远没有那么简单。首先这些质粒或病毒可能引起病人体内过分的免疫反应，破坏身体的正常功能，引起严重后果。美国就有不止一个病人因此丧命。第二，这些质粒或病毒不一定会表达人们想叫它们表达的功能蛋白质。第三，即使表达了功能蛋白质，这些蛋白质也未必会被送到它们正常发挥功能的地方去。诸如此类的问题还有许多。因此，全世界的许多科学家和医学家为此艰苦地工作了许多年。虽然不能说彻底失败，但是很遗憾，就目前的情况说，还不能说成功了。现在绝大多数的基因治疗研究都还停留在实验室阶段；少数进入临床试验的基因药物，效果也不理想。

因此，从现在的实际情况看，要避免生出患遗传病的后代，可行的办法还是及早查清后代可能有的遗传病及其严重程度,是否在我们能接受的范围内。如果将出生的后代可能患有严重的遗传病,明智的选择是及早终止妊娠,这样对夫妻、对家庭、对社会都是有利的。

[参考文献]

1. 侯嵘,刘治全.原发性高血压相关基因研究进展[J].中国循环杂志,2000,15(4):252-253

2. 杨文明,赵广峰,董婷,等.治疗肝豆状核变性中医药研究进展[J].中国实验方剂学杂志,2008,14(2):71-73

3. 吴志奎.中医药对边远民族地区人口与健康的贡献——益髓生血治疗地中海贫血取得重大进展[J].亚太传统医药.2008,4(11):4-8

4. 黄涛,陈金亮.禀赋调控与进行性肌营养不良症的中医防治[J].新中医,2015(5):319-321

5. 刘定干.化疗的真相——抗癌化疗药的昨天、今天和明天[M].上海:上海科学技术出版社,2013

聚合酶链式反应

第八章

在分子遗传学和基因工程中,有一种实验技术能把极微量的 DNA "放大"即扩增几百万至上千万倍。这种技术使基因科学的本领极大地增强,成为生物学、农业科学、医学科学和法律科学中不可缺少的一部分。生物科学家掌握了它,就能非常容易地分离和研究基因、鉴定生物物种、揭开古代生物的结构之谜;农学家使用它,可以轻而易举地创造新的转基因物种;医学家应用它,不费多少力气就能成功地鉴定细菌和病毒等病原微生物,还能准确地确定谁是父母亲、谁是他们的子女;法医专家有了它,就能如虎添翼地"挖"出自以为彻底消除了一切作案痕迹的罪犯……

具有这样神奇本领的实验技术是什么呢? 它叫做"聚合酶链式反应"。

DNA 聚合酶和引物

读者记得,在我们讲基因的结构和功能的时候,曾经提到过,DNA 的复制中主要参与复制过程的一种酶,叫"依赖 DNA 的 DNA 聚合酶(简称 DNA 聚合酶)"。这种酶的作用是:在一条缺失了一部分单链(即还剩下一条链)的 DNA 上,把单核苷酸按照配对原则依次地连接到那条缺掉的链的 3' 端,使之重新形成互补的双链,换句话说,把 DNA"补齐"。

在细胞内,DNA 复制开始后,另有一些酶负责把双链 DNA 打开,使它变成单链。但是,这样形成的两条单链是同样长短的,并没有缺掉序列。而且,在自然地、正常地进行 DNA 复制的时候,也不允许产生 DNA 的缺失,因为 DNA 的缺失将造成基因的突变,危及生物体的生存和发展。

那么,怎样才能形成一条"缺失了一部分"的 DNA 链呢?

自然界具有无与伦比的智慧。既然遗传的需要不允许发生 DNA(碱基)缺失,那么可以从另一方面满足 DNA 聚合酶的要求:由细胞核制造出许多短的核糖核酸(RNA)片段,这些片段分别和 DNA 单链的某一部分互补。这些 RNA 片段被运到正在进行 DNA 复制的地方,就会和已经打开的 DNA 单链的互补位置结合。这样就在 DNA 单链上造成许多短的双链区,也就是说,好像在 DNA 双链上缺掉了许多单链一样。DNA 聚合酶就可以顺利地"补齐"DNA。这些短片段叫做"引物"。

在细胞核里,引物被源源不断地合成出来并结合到被打开的 DNA 的单链区;DNA 聚合酶不断结合到引物和 DNA 单链的结合位点并把互补的核苷酸共价连接到引物的 3' 端上去。然后 RNA 引物被专一的酶转换成 DNA。这样,新的 DNA 双链就源源不断地"生产"出来。当然,这里只是简单地说说,DNA 复制的详细过程要复杂得多。

人工扩增 DNA:聚合酶链式反应的诞生

科学家的性格特点就是"创造"。利用自然界的物质条件来创造从未有过的新生事物,是所有科学家的共同"爱好"。在发现了 DNA 复制过程的奥秘以后,科学家们就想利用这些奥秘来人工合成 DNA。既然细胞核能制造 DNA,那为什么不能在人工的条件下,按照人的意愿来制造出和细胞里的 DNA 一样的 DNA 呢?

当然,科学家不能抛开自然界来另搞一套,科学家的创造是要站在大自然这个巨人的肩膀上才能完成的。那么,自然界可以利用来合成 DNA 的"原材料"有哪些呢? DNA 聚合酶;然后,必须有 DNA 的"模板"和引物。注意,引物的作用是在 DNA 的需要被扩增的位置建立部分双链,因此它既可以是 RNA,也可以是 DNA。此外,还要有 DNA 聚合酶需要的核苷三磷酸。有了这些原材料,就可以来尝试照天然"模板"的样子人工合成 DNA 了。

20 世纪后半叶，科学家们已经注意到：DNA 聚合酶加引物就可能把一段 DNA 复制几次。有几个大学教授就用普通的 DNA 聚合酶和一对引物，在通常的 DNA 聚合酶反应中，把一小段 DNA 扩增了 4 倍。这可以说是走向用 DNA 聚合酶在无细胞条件下合成 DNA 的第一次尝试[1]。

那时，美国有一家生物化学公司叫希特斯（Cetus）。希特斯公司的产品都是些生物化学试剂，是卖给科研单位的。公司里有个研究人员叫莫里斯（K. Mullis），他的工作是合成小分子的 DNA。莫里斯是个思想活跃的人，他常常想怎样合成分子量更大的 DNA、怎样按照已知的序列合成 DNA。有次他在晚上开车和女朋友一起出游的时候，忽然想到可以利用两个分别与互补链的一端互补的短链 DNA，作为 DNA 聚合酶的引物。这样 DNA 聚合酶在完成了一条链的合成后，就可以利用和另一条链互补的另一个引物，再合成一条链。只要能够反复地使 DNA 聚合酶依次用两个引物进行 DNA 合成，就应当能不断合成两条互补的 DNA 链。如果这两条链能重新通过碱基配对"复性"成一条双链，那不就能实现 DNA 的扩增了吗？他把自己的想法汇报给了公司的领导，引起了公司领导的兴趣，公司特别免除了他的 DNA 合成任务，指示他带领几个同事，专心进行用 DNA 聚合酶扩增 DNA 的研究。

功夫不负有心人，几年后，莫里斯等人终于初步做成了这项研究。他们的做法是：利用分别与 DNA 的两端互补的两个短 DNA 片段作为引物，在通常的 DNA 聚合酶的反应条件下，进行 DNA 复制。当复制完成后，对反应液加温，当温度高过该段 DNA 的变性温度后，DNA 双链就分开成为两条单链。然后降低反应液的温度，当温度降低到引物和互补 DNA 链的复性温度后，该段 DNA 链就和互补的引物重新结合成为双链，在 DNA 单链上形成部分的双链区，因而给 DNA 聚合酶提供再次进行 DNA 复制的条件。如此，可以把一条 DNA 链"放大"（扩增）许多倍。由于 DNA 聚合酶极高的专一性，扩增产物纯度可接近 100%。莫里斯称这技术为"聚合酶链式反应（polymerase chain reaction，PCR）"[2]。

但是他们还只是初步做成了这项技术，它还有很大的缺点。当时用的 DNA 聚合酶是怕热的。这里要说一说，在生物化学和分子遗传学实验中所使用的酶，绝大多数都是怕热的，许多酶在室温——25℃下就会很快失活，也就是坏掉。因此，DNA 聚合酶的反应还没进行几个"回合"（我们以后就叫它"循环"），酶就失活了，只好再向反应液中补充酶。这样就使 DNA 复制进行不了多久。也许就因为这一点，莫里斯的第一篇关于聚合酶链式反应的论文被美国著名的《科学》（*Science*）杂志拒绝。为了增加反应所能进行的循环次数，要能找到一种不怕热的 DNA 聚合酶多好！

大自然的宝藏是何等的丰富！不怕热的酶确实是有的，那就是生活在高温条件下的生物所含有的酶。虽然地球上绝大多数生物都生活在较低的温度下，比如适合人和脊椎动物的环境温度在 25℃ 左右（这里不说人工的温度调节如取暖和冷气，也不说动植物适应环境的特性如冬眠和落叶等），但是也有少数生物——主要是细菌，生活在海底火山和温泉的热水中，这些热水的温度可以高达 70℃。

只要取得这些嗜热的细菌，在人工的高温条件下培养，就可以从它们体内提取到耐热的 DNA 聚合酶。

莫里斯的同事赛基（R. Saiki）等人就从一种细菌"水生栖热菌（学名 Thermus aquaticus）"提取了它的 DNA 聚合酶——他们叫它"Taq DNA 聚合酶"，Taq 是这种细菌的学名的缩写。赛基等使用 Taq DNA 聚合酶，第一次成功地实现了一千万倍的 DNA 专一扩增，以赛基为第一作者的论文被《科学》杂志接受发表，至此，聚合酶链式反应（我们以后就用它的英文缩写来称呼它——PCR）这种强大的科研实验技术才算开发成功。

理论上，就是在酶、引物和四种核苷三磷酸的量都足够的时候，PCR 将能以 2^n 次方扩增 DNA 的量，即 n 次循环反应能把 DNA 扩增 2^n 倍。例如，假设进行的 PCR 有 25 个循环，那么理想情况下，DNA 就能被扩增 2^{25} 倍即 33 554 432 倍，而且极其纯粹！这样的扩增倍数，在起始时要扩增的 DNA（"模板"）的浓度极小（例如 1pg/100μl，即每 100 微升 10^{-12} 克）的情况下，是完全可以达到的。

为了 PCR 技术的开发成功，希特斯公司经过该奖励谁的一番争吵以后，只发给了莫里斯 1 万美元奖金。莫里斯一气之下辞职不干了。后来希特斯公司把 PCR 技术卖给了"罗氏分子系统公司（Roche Molecular Systems Ltd.）"，售价竟是 3 亿美元！不过，过了 10 年，当 PCR 已经完全公开、它的巨大能力得到世界科学界的公认后，莫里斯得到了诺贝尔奖。

PCR 的用途

既然 PCR 那么值钱，它究竟有哪些用途呢？

PCR 的第一项用途，就是从极少量的 DNA"生产"大量超级纯的特定的 DNA 片段，例如一个基因。使用 PCR，可以从几万个到几千个细胞所含有的 DNA，分离纯化足够用于分子克隆的一个完整基因。这是发明 PCR 之前根本不可能的事。这极大地简化了分子生物学和分子遗传学的研究工作。

PCR 的一项重要用途是在医学上用于鉴定与遗传病有关的基因突变，做法是对受试者的细胞 DNA（最常用口腔的脱落细胞）进行 PCR 扩增，扩增的是其中的特定 DNA 片段，然后对该扩增后的片段进行序列测定。从序列测定的结果就可以判断是否存在可能引起遗传病的突变。PCR 可用来诊断一些恶性肿瘤，据说这样的诊断灵敏度比其他方法高一万倍。在器官移植时，PCR 被用来鉴定组织的分型，还有人建议用 PCR 代替常规的抗体反应来做器官移植前的配型。在胚胎发育早期，为了检查胚胎是否患有将严重影响胎儿成活或出生后正常发育的遗传病，也可以用 PCR，此时只需要极少量的羊水或绒毛作为样品，甚至少量在母体血流中循环的胎儿细胞也可拿来做 PCR 检查。

PCR 又一大用途是特种传染病的诊断和治疗。有些微生物如黏细菌、厌氧性细菌或病毒等，很难人工培养或在培养中生长很慢，这时用 PCR 就能方便地鉴定它们。PCR 还能鉴定不同菌株中的不同基因，以此区别致病性菌株和非致病性菌株。希特斯公司的研究人员（包括莫里斯）已研发出一种 PCR 检验方法，可以检查出少至人的 5 万个细胞里才有一个的 HIV（艾滋病病毒）[3]。结核病病菌不易从病人处取得样本，在一般实验室也生长不起来；以 PCR 为基础的检验却能从普通医学样品中检出少量的结核病菌，包括活菌和死菌。PCR 还被用来快速检验微生物的药物抗性，使得可以迅速对病人开展有针对性的治疗。

PCR 还在亲子关系鉴定和法医学检验中起着不可替代的重要作用。关于这些，我们将留到下几章去说。

最后提一下，在考古学界，有的科学家想利用 PCR 来扩增远古时代人类和动植物化石中可能还有的 DNA。甚至有些想象力丰富的人还设想通过 PCR 来重新克隆恐龙之类的古生物。不过，直到现在这些探索还没能成功。

PCR 实验:扩增哪个 DNA 片段

引物的重要性

不论 PCR 实验的最终目的是什么，这个实验的具体目标都是扩增一个特定的 DNA 片段。这个片段可以是一个完整基因，也可以是基因中的一段，甚至可以是一个根本不是基因的 DNA 片段，那就要看我们要利用 PCR 做什么事情了。现在，由于人类基因组计划的成功，人类的整个细胞 DNA（叫做"基因组"，因为这个 DNA 是由许多基因所组成的）的序列已经基本测定出来，所以我们可以很方便地找出一段我们需要的 DNA 来加以扩增。这些 DNA 序列，只要访问几个国际生物技术信息网的数据库，就可以找到。常用的生物技术数据网有美国国家生物信息中心网站（www. ncbi. nlm. nih. gov）、欧洲分子生物学实验室网站（www. embl. de）、日本的 DNA 数据库（www. ddbj. nig. ac. jp）等。这些数据库都是对全世界科学家免费开放的。

从网上下载了我们需要的 DNA 序列后，就可以开始设计 PCR 实验。PCR 实验设计首先要设计的就是引物。不用说大家都明白，引物是 PCR 最基本的东西，没有引物当然 PCR 想都别想，引物做得不好，PCR 也成功不了。所以引物的设计是我们最需要动脑筋花工夫的。但是，引物的设计又和 PCR 实验的条件——温度和保温时间——密不可分；因此在设计引物前，我们先要了解一下我们要做的 PCR 实验的具体条件。

PCR 的步骤

PCR 中起主导作用的是 DNA 聚合酶。因此，我们使用的 DNA 聚合酶的特性就决定了 PCR 的条件。

现在 PCR 实验最常用的还是赛基和莫里斯等使用的、老牌的耐热 DNA 聚合酶——Taq DNA 聚合酶。

这个酶进行 DNA 复制的最适温度在 70℃左右，最高能耐 98℃。一般综合考虑到使酶能保持较长时间的活力，又能保证 DNA 合成的专一性，把合成反应的温度定在 68～72℃。不过，近年来，市场上出现了各种各样的耐高温的 DNA 聚合酶，有把 Taq DNA 聚合酶分子经过基因工程改造得到的，也有用别的耐热菌像"嗜热栖热菌（Thermus thermophilus）"提取的，各有自己的适用温度和其他反应条件，可供研究工作者选用。

如上所说，PCR 就是一连串的 DNA 合成反应。引物在适当的复性温度下与单链 DNA 模板专一地结合，形成双链区和单链区。DNA 聚合酶就结合在双链和单链交界的地方，进行 DNA 的合成，直到全部模板都成为双链。然后，我们就要提高反应温度，使刚刚合成的双链打开成为单链；接着降低反应温度到引物的复性温度，使引物再在互补位置与单链 DNA 结合。引物复性温度比 DNA 聚合酶"工作"的最适温度低得多，所以我们又要提高反应温度到 DNA 聚合酶的"工作"温度，使复制反应再进行一次。还有一点要注意的是，当 PCR 刚开始的时候，我们希望所有 DNA 模板都是单链状态，因此要对反应液作短时间的高温加热。

聪明的读者可能会提出一个问题：已经合成好的 DNA 双链一定比引物长得多，那么前者的复性温度一定也比引物高。那么，在温度降低过程中，还没有达到引物的复性温度时，合成好的 DNA 双链不是会"抢先"复性吗？那怎么保证 DNA 单链是和引物结合而不是和另一条已合成好的

DNA 单链重新结合呢？PCR 反应又怎么能继续进行呢？

这的确是一个很重要的问题。如果在复性阶段两条 DNA 长链重新结合，肯定会妨碍 PCR 的继续。而且在 PCR 的后期，当合成的 DNA 已经很多的时候，确实可能出现这样的情况，使得 PCR 出问题。

关键在于我们做 PCR 时，需要扩增的 DNA 的量是极少的，而引物的量是很多的。举个例子，一般 PCR 反应液（50 微升）中的待扩增 DNA 的量是 5 微克，引物的浓度是 2×10^{-7} 摩尔浓度。如果待扩增的是人的基因组的单链 DNA（约 3×10^9 碱基，即克摩尔量约 1012 克）的话，5 微克相当于 5×10^{-18} 摩尔浓度，那么这 DNA 在 PCR 反应液中的浓度就是约 10^{-13} 摩尔浓度。你看，引物分子的浓度比待扩增 DNA 分子的浓度大 2×10^6 倍！因此，在 PCR 的复性阶段、反应液温度降低的时候，已合成的 DNA 分子相互碰撞的可能性是微乎其微的。DNA 单链几乎只能与引物分子相互碰撞和结合，这就是 PCR 能进行许多个循环的原因。当然，我们这里只是粗略地估计一下。

因此，PCR 的步骤是这样的：

（1）加热，95℃，30 秒至 1 分钟。

（2）降温到复性温度，此温度由所设计的引物决定，一般在 50～55℃，30 秒。

（3）升温到 DNA 聚合酶的工作温度，如 68℃，1～3 分钟。

（4）加热，95℃，30 秒。

（5）按步骤（2）至（4）进行。

（6）重复步骤（4）到（5）20～30 次。最后一次不再加热到 95℃，而是在 68℃继续保温 5 分钟，以保证新合成的 DNA 分子全部是全长的。

PCR 是否成功，一般是用琼脂糖凝胶电泳检查。琼脂糖就是我们有时在食品店能买到的"洋菜"，可以做成胶冻；当然用来搞科研的要纯得多。拿琼脂糖加热溶在适当的 pH 中性缓冲液里，再加 1 微克/毫升的荧光染料溴乙锭（Ethidium bromide，EB）。这样的胶液冷凝后就变成半透明的"冻胶"。把这冻胶放进装好缓冲液的电泳装置，把 DNA 溶液加到冻胶上预先做好的样品槽里，再在两头通上直流电。胶里的 DNA 分子就会慢慢"游"向正极（为什么不游向负极？请读者想想——笔者注），边游动边和溴乙锭分子结合。DNA 分子量越小，游动就越快。DNA 溶液中还加了一种带负电荷的蓝色染料——溴酚蓝，它比大多数 DNA 分子都跑得快，等溴酚蓝接近正极，电泳就完成了。电泳后，取出琼脂糖凝胶，放到紫外灯下，胶里的 DNA 分子就会发出美丽的橙红色荧光。

但是你要当心，溴乙锭是致癌化学品，你做实验一定要戴手套，而且一定不要让含溴乙锭的废液粘到皮肤上！用过的废液要适当处理使溴乙锭分解后，才能倒入下水道。不过现在已经有了不致癌的荧光染料，可以代替溴乙锭来做 PCR 的电泳检查，不过价钱较贵。

还有一件事，琼脂糖凝胶像鱼一样滑，你拿它时一定要十分小心，别让它滑出手掉地上摔碎！这是不少研究生犯过的错误。因此，你做 DNA 电泳时只能用极少的样品，千万不要一次把样品都加光了，不然这次电泳没做好的话，连再做电泳的机会都没有了！

PCR 的自动化和多样化

从上面的讲述，读者可以知道，做 PCR 需要变化温度，而且要变化几十次。事实上，莫里斯等人在开发 PCR 技术的时候，就是用的人工手动——他们准备了 3 个恒温水浴，拿着 PCR 反应管，看着秒表，不断地把反应管从一个水浴移动到另一个水浴。几十个循环下来，就算实验成功使大家高兴，也是手酸臂痛，疲惫不堪。而且其中一个水浴的水几乎要烧沸，一不小心就会烫伤手。

科学家是会动脑筋的。大家都在想办法，让机器代替人来完成这些重复动作。机器的动作比人准确得多，也不会"感觉累"，直到被用坏。在 PCR 技术开发成功后不久，第一批 PCR 仪（又叫热循环仪，thermal cycler）就上市售卖了。这种 PCR 仪其实就是连在一起的三个恒温水浴，不过加装了一个机械臂，可以把 PCR 反应管自动地转移水浴。

这比起人工操作是好了不少。但是它有一个很大的缺点，就是当机械臂把反应管从一个水浴中取出来,还没有放进第二个水浴的时候,反应管是暴露在空气中的,它的温度要迅速下降,这就对 PCR 反应造成了障碍。所以科学家和工程师们又开发出了新式的 PCR 仪。现在机械臂 PCR 仪早已被淘汰。新的 PCR 仪普遍采用电子技术,特别是小电脑,能任意设定保温程序和升降温度,还能同时做多个样品的 PCR。所以现在几乎所有的生物化学实验室和大医院的化验室,都装备了 PCR 仪。

为了满足各方面的需求,PCR 仪的种类也日益增多。除了普通的 PCR 仪外,还出现了实时 PCR 仪、荧光 PCR 仪、定量 PCR 仪等,可以实时和定量监控 PCR 过程,PCR 的结果能立即传输到电脑里。科学和技术的结合极大地提高了科学研究和应用研究的精密度和准确度。

引物的设计

了解了 PCR 实验的具体步骤后,我们就能进入引物设计这一最重要的实验环节了。

我们要记得,引物是 DNA 聚合酶合成 DNA 的"依靠",DNA 聚合酶就是从引物的 3' 端开始添加脱氧核苷酸的,也就是说,PCR 完成后,引物将是 PCR 产物的一部分。所以我们首先考虑的是做 PCR 的目的,我们要用这个 PCR 产物做什么。除了和模板序列两端互补的序列外,如果我们要用它来克隆一个基因或别的 DNA 片段,最好在引物序列中加上和载体质粒相匹配的限制性内切酶切点。如果想利用同源重组把它插入一个基因组 DNA,就要在引物序列里安装上与同源区两端互补的序列。如果只是想利用 PCR 检验一个 DNA 序列是否存在,那么引物的设计就很简单,只要设计出和要检验的序列两端互补的序列就行。

在引物序列的设计中我们也必须决定一个适当的变性/复性温度(Tm)。Tm 是由 DNA 的链间氢键决定的。我们在第三章说过,G 和 C 之间有 3 个氢键,A 和 T 之间有两个氢键。因此,GC 对的变性温度比 AT 对更高。在设计引物的时候,可以用改变 DNA 的 GC 含量的方法来改变引物的 Tm。变性/复性温度过高,可能使复性不容易进行,降低 PCR 的扩增效率;过低虽然会增加复性概率,但同时会降低 PCR 的专一性,因而降低 PCR 产物的纯度,甚至得到一大堆乱七八糟的废品。因此,在确定实验中的最适 Tm 时,要广泛查阅文献资料,了解别人的工作经验,作为自己工作的借鉴。如果实在找不到相关的文献(这在创造性的科学研究中是常有的事),就要设计几个不同的 Tm,进行试验性实验,比较结果,从中找出最适条件。当然这样做要费事得多,要做许多次的克隆和 DNA 测序,但是必须这样做。因为科学工作要求的是脚踏实地,不能有丝毫的懈怠和侥幸心理。

当然,现在在科学网站上已经有了一些引物设计程序,可以按照实验者的要求自动确定引物序列,这大大地减轻了研究者的劳动强度。但是,我们仍然要十分小心,要有尽量多的把握,争取多成功几次,少失败几次。

现在由于科学市场的不断发展,DNA 引物的合成已经成为科研服务公司的专业工作。科学家只要设计好引物序列,通过电子邮件发送到 DNA 合成公司,公司就会按照要求完成 DNA 合成,把高质量的引物用冷冻箱快速送到实验室。科学家在做成功 PCR 的时候,不应忘记这里也有科研服务公司的一份贡献——当然,他们得到了相应的报酬。因此,我们要注意的就是力争所合成的每一个引物都能各尽其用,不要有一个引物因 PCR 失败而被浪费,要知科研经费的申请绝不是容易的事!

再说点在引物设计中有"共性"的事。引物的长度一般是十几个到三四十个核苷酸;它们的 Tm 一般在 $50\sim55℃$(由实验目的决定,也有低至 $37℃$ 或高至 $60℃$ 的);许多引物在 5' 端还有一段序列不和模板 DNA 配对,做其他用途的序列如限制性内切酶切点就安放在这段序列上。这段序列在 DNA 复制反应中会变成 PCR 产物的双链的一部分(请读者想想为什么)。引物序列中不能有自身配对,理由就不用笔者说了。最后,不要忘记,引物一定是成双成对的,一个是 5' 端引物,一个是 3' 端引物,它们一个从模板 DNA(叫"正链")3' 端开始合成模板的互补链,另一个从新合成的模板互补链的 3' 端开始合成新的正链。

PCR 实验的注意事项

作为科学家，笔者做过许多 PCR 实验。这儿笔者想谈谈自己的经验，给读者作参考。

PCR 的最大特点就是极高倍数的 DNA 扩增。极其微量的 DNA 经过 PCR 就变成显著多的量。因此，PCR 实验的第一个、也是最基本的要求，就是要保证你所扩增的 DNA 确实是你想要扩增的，没有你不要的东西，也就是说必须绝对避免污染。在做系列 PCR 即同时做许多样品的 PCR 时，这种局面特别严峻，大多数 PCR 实验失败都是因为污染。而要避免污染，首先我们要养成良好的个人卫生习惯。有些研究生因为工作忙，往往忽视个人卫生，虽然情有可原，却是对工作不利。要注意实验室整体的清洁卫生，而且打扫要用湿的拖把等工具，不能扬起灰尘。尤其是实验台，必须每天擦拭。有的人喜欢在实验台上铺纸，在纸上做实验，纸下有多脏也不管，这是不好的。整个实验环境的清洁，是实验成功包括避免污染的最基本条件。第二，要养成严格、准确的操作习惯。做 PCR 必须戴一次性使用的手套，如手套有污染要立即更换。使用微量移液器吸取样品和反应液时，手的用力要适当，不要猛力按移液器活塞，避免造成误差。一支吸液头只能用一次，绝对不可粗心大意忘了换吸液头。特别注意吸液量不要过多，绝对不能使吸上的液体沾到移液器尖端上！否则，这支移液器不能再用！只有仔细清洗干净后才能用。这种清洗非常麻烦，所以最好是使用 PCR 专用的移液器和吸液头，这种移液器和吸液头带有特殊构造，能有效地防止样品溶液污染。此外 PCR 实验所用的一切容器如反应管（离心管）、试剂瓶等，都必须仅供 PCR 专用，必须是足够清洁，例如玻璃瓶要经过重铬酸钾浓硫酸洗液的浸泡，再先用普通蒸馏水、然后用三次重蒸水多次彻底洗净。为避免清洗的麻烦，最好所有容器都使用市售的 PCR 专用品。要注意的是，使用 PCR 专用的实验器材并不能保证杜绝污染，防止污染的根本条件是实验环境的清洁和实验人员操作的严格规范。

PCR 实验是一种高精密度的实验，因此仔细的实验设计是极其必要的。每个 PCR 都必须设有对照，对照包括含已知样品的正对照和不含待扩增模板或不含引物的负对照，以及各该实验所有的特殊对照；DNA 分子量标准也是必需的。引物要设计得当，最好用"in silico（计算机上）"的模拟 PCR 来事先检验引物是否能用。在实验设计上多花点功夫，是聪明的选择，多动脑筋往往能避免在实验中浪费太多的时间。上面讲过，设计引物是实验最关键的一步，一定不能掉以轻心。

待扩增的 DNA 样品的准备也是必须注意的。这些样品最好先经过 DNA 提纯一步，用经过提纯步骤的样品液来做 PCR。不过，样品总量经常极小，所以在很多情况下会把样品直接拿来做 PCR；这时如可能，最好在反应液中添加能去除或减少样品杂质对 PCR 的不利影响的物质。幸好绝大多数杂质蛋白都是怕热的，PCR 中的 95℃加热足够使它们变性失活，不至于影响 PCR。

做 PCR 时要注意的事情还有很多，这本小书里说不完，读者朋友们如果现在或今后有机会从事 PCR 工作，最好的办法还是亲自去做一做 PCR，在实践中体会这种技术的神奇和实验操作准确的重要性。

PCR 已经成为推动科学特别是生命科学发展的一个重要手段。许多理论科学和应用科学的发明、发现，是与 PCR 技术紧密联系在一起的。现代的生命科学和应用科学，虽然已经有了强劲的进步，有了令人振奋的许多发现，但是还像几百年前物理学家牛顿说过的那样，只是在海边上捡了几个闪光的贝壳。我们还没有发现的东西要比已经发现的东西多不知多少倍。因此，科学家们还必须利用可能利用的一切研究手段，包括 PCR，来继续探讨自然界和生命的秘密；也需要有志于科学的人士，特别是青年，在探索宇宙和生命的奥秘上贡献一生。而利用 PCR 进行前人从未做过的工作，探索前人从未了解甚至未能理解（像 100 多年前人们不能理解孟德尔一样）的科学规律，必将是极其有意义的。

如果你从事的是前人从未做过的探索工作，且有足够理由（足够的实验事实）坚信自己的途径、方向是正确的，那么就应该坚持，目不旁骛、全力钻研，即使困难重重、多次失败也毫不退缩，即使暂时没出成果遭同事讯笑、领导责难也不屑一顾！当你的研究得到国际科学家的印证、最终获得别人想象不到的成功，你的论文登载在有名的国际科学杂志上时，伴随着同事的惊叹，将是你作为一个真正的科学家的无比自豪和快乐！

［参考文献］

1. K Mullis,F Faloona,S Scharf,et al. *Specific enzymatic amplification of DNA in vitro：the polymerase chain reaction*［J］. *Cold Spring Harb Symp Quant Biol.* 1986,51 Pt 1:263 － 273

2. RK Saiki,DH Gelfand,S Stoffel,et al. *Primer － directed enzymatic amplification of DNA with a thermostable DNA polymerase*［J］. *Science.* 1988,239（4839）:487 －491

3. S Kwok,DH Mack,KB Mullis,et al. *Identification of human immunodeficiency virus sequences by using in vitro enzymatic amplification and oligomer cleavage detection*［J］. *J Virol.* 1987 May;61（5）:1690 － 1694

DNA 特征分析
和亲子鉴定

DNA 特征和 DNA 多态性

我们在电视报道中和电视剧里,经常看到"DNA 比对"。在自然灾害和重大事故中,在飞机失事后,救援队费尽千辛万苦找到的,许多是难以辨认的遗体甚至遗体碎片。这时,就要应用 DNA 比对来确定死者的身份。在贩卖人口的案件中,鉴定被拐卖者身份的时候,最常用的也是 DNA 比对方法。甚至,在一起耕牛走失的民事案件中,人民法院还用 DNA 比对的方法,确定了哪一条牛是失主的。DNA 比对,准确地说,叫 DNA 特征分析(DNA profiling,也叫 DNA 指纹分析)就有这么重要。

DNA 特征分析究竟是怎么回事呢?

我们前面讲过,一个人细胞 DNA 复制的精确度是无与伦比的高,即使 DNA 复制进行一百万次,也难得弄错一个碱基。因此,一个人全身所有细胞的 DNA 序列,都是完全相同的。但是,如果 DNA 复制进行的次数更多,例如一个母亲生出两个孩子、这些孩子长大成人后又结婚生育、等等,那么他们的细胞 DNA 还是会出现差别。这是因为,DNA 在生成精子的减数分裂中会发生片段重组,一小部分 DNA 的序列按照孟德尔自由组合定律相互交换。这就使得不同的人各自具有自己特别的一部分 DNA 序列,我们把它叫做 DNA 特征(DNA profile;这个英文名称有不同的译名,本书笔者把它译成 DNA 特征)。

DNA 特征是每个人各自特有的,除了单卵双胞胎外,全世界也不会有 DNA 特征完全相同的两个人。DNA 特征就像指纹一样,是每个人与生俱来、终身不变的标记。

　　科学家发现，在细胞 DNA 中，有一部分序列特别"喜欢"变动，造成 DNA 特征的主要是这一部分。这些 DNA 序列都是些同样的片段，如 AGCTTCGA，反复地延伸成一长串，就是：

　　AGCTTCGAAGCTTCGAAGCTTCGATCGAAGCTTCGAAGCTTCGA……

　　所以我们叫它们"串联重复序列（tandem repeats）"；如果重复单位很短，如 AGC，就叫做"短串联重复序列（short tandem repeats，STR）"。在减数分裂中，发生重组的也主要是这些串联重复序列。它们在细胞 DNA 中处在一定的基因座。但是它们和蛋白质与 RNA 基因不同，不能翻译出产物。

　　有趣又特别重要的是，有些短串联重复序列在减数分裂中的变化很简单，只是那些重复序列的数目在变。例如母亲的某个串联重复序列是：AGCAGC，就是说有两个 AGC 重复单位，她的孩子的同一个串联重复序列就可能变成：AGCAGCAGCAGCAGC，有 5 个重复单位。具有这种性质的串联重复序列叫做"可变数目串联重复序列（variable number tandem repeats，VNTR）"。

　　这种重复序列在不同个体间变化的现象叫做"DNA 多态性（DNA polymorphism）"。DNA 多态性是物种进化的结果，是亿万年来人类个体相互之间和某些细胞之间不断转基因所造成的。

　　不同的人，DNA 多态性也不一样，而且同一个人在 DNA 长链的不同位点存在许多不同的多态性。也就是这些 DNA 多态性，使每个人都拥有自己的 DNA 特征。DNA 特征分析所检查的，就是被检对象的某一 DNA 多态性。当前在 DNA 特征分析中采用最多的 DNA 多态性是 VNTR。

　　在法医学中，研究过的 STR 基因座都有自己的名称，如 *D6S1043*、*D13S317* 等，其中 *D* 表示 DNA，中间的数字表示染色体号，*S* 表示单链，*S* 后的数字是研究者给予该基因座的顺序号。也有一些 STR 基因座使用研究者特别给它们起的名字，如 *CSF1PO* 等。

　　VNTR 的特点是不同人的该基因座的 STR 数目都不一样，例如这样的 STR：

ACT ACT ACT……

这个序列中，重复单位是 ACT。不同的人，DNA 的 VNTR 中，可能存在的 ACT 单位的数目是不一样的，如有一个人有两种 STR：

ACT ACT ACT(ACT3)；ACT ACT ACT ACT ACT(ACT5)；

另一个人有三种 STR：

ACT ACT(ACT2)；ACT ACT ACT ACT ACT(ACT5)；ACT ACT ACT ACT ACT ACT(ACT6)。

这样，如果我们有办法把这些 ACT STR 都找出来，测出它们的序列，那么只要比较各个 ACT STR 的种类和它们所包含的 ACT 重复序列的个数(上面第一个人有两种 ACT STR：3、5；第二个人有 3 种 ACT STR：2、5、6)，就能准确而简单地鉴定出这两个人的 DNA 特征了。显然，同时测定的 STR 越多，鉴定结果的准确性和专一性就越高。现在，DNA 特征分析一般都同时测定 15 个左右的 STR。而找出这些 STR 的方法，就是前一章讲过的"聚合酶链式反应(PCR)"。现在，法医学家都使用特制的专用 PCR 试剂盒来进行 STR 扩增。

DNA 特征分析的应用

鉴定个体

当前，法医学所使用的 DNA 特征分析系统主要是使用 PCR 来扩增 STR。人 DNA 的 STR 种类非常多，因此同时测定多种不同的 STR 就能准确地对被测对象"验明正身"，正确地区分不同的个体。一般法医学上选取十几种 STR，同时测定它们的 DNA 序列。选哪几种 STR，各国并不相同。

如美国联邦调查局的综合 DNA 目录系统(Combined DNA index system，CODIS)选取了常染色体上的 13 个 STR 基因座和一个与性别有关的 STR 基因座，同时扩增它们。这样就可以满足全美国的鉴定需要。我国则选了包括 CODIS 的 STR 的 15 个 STR 基因座来进行同时的 PCR 扩增。用来扩增的样品就是从刑事侦查所得（现场物证和作为对照的嫌疑犯的样品）或亲子鉴定中取得的人体样品，如血滴、毛发、精液、口涎、皮肤、内脏器官等，如前所述，极少的量就可以了。

PCR 反应一般在一定的 PCR 仪中自动进行。PCR 反应的产物拿来做 DNA 测序反应。由于 PCR 引物的极高专一性，扩增出来的就是许多含有不同个数的同一重复单位的 STR，形象地说，就像一些不同长度但链环相同的链条，只要比较不同的 STR 片段即该 STR 的等位基因的长度（所包含的 STR 重复单位的个数）就行了。因此，DNA 产物的鉴定可以使用简单的毛细管电泳或凝胶电泳。

不过，现在我国还多用 DNA 测序仪以鉴定四种核苷酸。显然这能提高分析的准确度。法医随后对 DNA 产物的特征进行数学计算，判断物证和受害人或嫌疑犯样品之间的关联程度（概率），由此得出 DNA 特征分析的结果。成功的 DNA 特征分析中，关联概率一般都可以达到 99.99%以上。

亲子鉴定

亲子鉴定的实验过程和鉴定罪犯是一样的，问题是如何判断亲子关系是否存在。在这里，我们复习一下本书前面讲过的知识。聪明的读者一定还记得，孩子的体细胞里所含的 DNA 有两组，这两组所包含的基因种类除与性别有关的以外是相同的，不过一组来自父亲，另一组来自母亲。而这两组的 STR 基因座的重复单位个数，父亲和母亲是不同的。这就是亲子鉴定的基本依据。

当然，这里讲的只是最基本的东西，亲子鉴定中还有许多需要鉴别的复杂情况，我们就不讲了。

采用其他 DNA 基因座的 DNA 特征分析

在法医学实践中，为满足不同的实际需要，除了常染色体外，DNA 特征分析还采用其他的细胞 DNA 基因。

Y 染色体分析和杰斐逊丑闻

我们前面第七章讲过,人细胞核的染色体中,有两个是决定性别的,一个叫 X 染色体,另一个叫 Y 染色体,用普通高倍显微镜就能很容易地看到。如果一个细胞核里有一个 X 染色体和一个 Y 染色体,那么这个细胞就是来自一个男人。如果细胞核里有一个 X 染色体和一个巴尔小体,没有 Y 染色体,这个细胞必定来自一个女人。附带说一下,在运动会上,检查运动员性别的方法,就是用显微镜观察他们的细胞核(最容易取样的就是嘴里的脱落细胞,用棉签伸进嘴里轻轻一抹就可以了),因为细胞核是不可能伪装的。

和其他 VNTR 一样,Y 染色体也有它自己的 VNTR。因此,在法医学中,对 Y 染色体的 VNTR 的分析被用来鉴定某一个男人的身份。其方法是用特别设计的引物去扩增 Y 染色体上的特定 VNTR,以与其他人的相应 VNTR 比较。这种方法特别适用于鉴定一个男人和其他女人的混合检品。

有趣的是,Y 染色体 DNA 特征分析曾经被用来鉴定美国历史上的一桩丑闻。

18 世纪末到 19 世纪初,美国出了个托马斯·杰斐逊,当上了美国第三任总统,而且连任两届(1801 – 1809)。他是美国《独立宣言》的主要起草者,在美国发展早期做了很多贡献,美国人叫他"开国之父"和"美国最伟大的总统之一"。但是这位总统在个人生活方面并不光彩。杰斐逊的夫人叫玛莎(Martha W. Skelton),她为他生了 6 个孩子,但只有两个女儿长大成人。这位总统拥有很多庄园和黑人奴隶。玛莎死后,杰斐逊就和他的一个女奴莎莉·赫明斯(Sally Hemings)搞上了,莎莉成了杰斐逊的情妇,她为他又生下了一堆孩子。两人的通奸关系一直保持到杰斐逊去世,但是这位总统到死都没有正式解除莎莉的奴隶身份。杰斐逊死后,莎莉才被允许作为自由人住在杰斐逊女儿的庄园里,终其一生。

杰斐逊总统和他的女奴乱搞,在当时的美国早已悄悄传开。还在杰斐逊正当着总统的时候,1802 年,有个叫考伦德(James T. Callender)的小报记者就爆料说,杰斐逊总统拉他的奴隶赫明斯当了情妇,还和她生了好几个孩子。百年以来,这宗丑闻一直在美国流传,但长期没能证实。直到 1998 年,有一个科学家团队,对杰斐逊舅舅费尔德的一些活着的后人以及赫明斯的儿子伊斯顿·赫明斯的一个后人(大概是约翰·杰斐逊上校),进行了 Y 染色体 DNA 特征分析,结果发表在国际科学杂志《自然》(*Nature*)上。分析结果证实了杰斐逊和赫明斯确曾生过孩子。2000 年,美国的托马斯·杰斐逊基金会组织了一批历史学家,对此进行研究,研究的结论说:"该项 DNA 研究……指出,托马斯·杰斐逊是伊斯顿·赫明斯的父亲的概率极高。"至此这项历史丑闻终于得到了科学的证实。但也有些学者对此持怀疑态度。

精于赚钱的美国人当然不会放过这个机会。也就在 2000 年,杰斐逊和赫明斯的"恋爱"故事被拍成了电影《杰斐逊之恋》。电影没有回避他们的杰斐逊总统拒绝给予赫明斯自由人身份的历史事实。

线粒体 DNA 特征分析和真假俄国公主

有时,基于常染色体和性染色体的 DNA 特征分析不能满足实际需要。例如在尸体高度腐败的情况下,DNA 降解很严重,很难得到全部完整的 CODIS STR。这时,使用线粒体 DNA 做特征分析就能使分析成功。我们知道,一个细胞里有成百上千个线粒体,每个线粒体都有一个环状的 DNA,也就是说一个细胞就有成百上千个相同的线粒体 DNA。因此,即使尸体组织腐烂得很厉害,线粒体 DNA 保持完整的概率还是很高。在法医学中,线粒体 DNA 的一定区域被用 PCR 扩增,以比较不同人的该区域的序列异同,通常是单个碱基的异同。线粒体 DNA 总是来自母亲的(叫做"母系遗传",因为精子不含线粒体 DNA),所以可以用母系亲属的线粒体 DNA 作为对照。但是,线粒体 DNA 特征分析也存在一些缺点,需要实验者有一定的研究经验和实验技巧。

线粒体 DNA 特征分析曾用来判定历史上有名的一宗"真假俄国公主"案件。

俄国十月革命后，末代沙皇尼古拉二世一家人在叶卡捷琳堡被当地人民内务委员会枪毙。但后来一直有传言说，沙皇一家并没有全部被杀死，还有人活着。有个叫做安娜·安德逊（Anna Anderson）的女人就声称她是俄国的大公爵夫人安娜斯塔西娅公主。安娜斯塔西娅是尼古拉二世最小的女儿，一般认为她已经在那次枪毙中被打死了。

1920 年开始，安娜住在德国，她曾经进过精神病院。但几年后，她是俄国沙皇家人的流言在德国传开，有些人为了各种目的（主要是想得到可能存在的、俄国沙皇在俄国境外的遗产），散布她就是安娜斯塔西娅，给她提供生活费和住所等。她还向德国法院提起过诉讼，要求确认她的身份是俄国公主，但德国法院经过冗长的法律程序后判决她不能证明自己是安娜斯塔西娅。跟杰斐逊丑闻一样，1956 年，这件真假公主事件也被美国电影商搬上了银幕，影星英格丽·褒曼饰演假公主。

40 多年后，1968 年，安娜移居美国，还和一个弗吉尼亚的大学教授结了婚，这个教授后来被叫做"夏洛特维尔城里最可爱的怪人"。安娜在1984 年去世，她的遗体被火化，但留下了一些头发和医学用的组织标本。

苏联解体后，末代沙皇一家的遗骨在俄国被重新找出，俄国国内外的多家研究机构对这些遗骨做了 DNA 特征分析，证实了他们的身份。同样，安娜的组织标本也被找出来做了 DNA 特征分析，结果发现她的特征和俄国尼古拉二世一家的 DNA 特征并不符合。而且，线粒体 DNA 特征分析指出安娜的特征和一个叫做弗兰齐斯卡·商茨科夫斯卡的波兰女工、精神病病人完全符合。至此，这件拖延 70 多年的真假公主之谜才得以水落石出。

做 DNA 特征分析要注意什么

现在在我国，DNA 特征分析已经广泛用于公安局的刑事案件破案中；也越来越多地被用于民事案件的审理，以及婚姻相关纠纷的解决等。在互联网上，做亲子鉴定的广告也越来越多。在这种情况下，如果想做

DNA 特征分析，就存在一些问题了。例如，找哪家机构做？哪家机构开出的费用比较合理？我们对于这些问题，是要认真对待的。

　　DNA 特征分析的准确性是极高的，这一点是事实。不过 DNA 特征分析是一种生物化学实验，需要一定的条件，例如要有专门的分析实验室，拥有全部仪器设备和实验条件，更重要的是有具有生物化学实验基础素质的操作人员，绝不是任何人都能做的。有些所谓"生命科学技术公司"，名字起得很冠冕堂皇，实际上却连简单的生物化学实验都做不好，对于这些"公司"应该提高警惕。特别是做 DNA 特征分析的单位，必须有国家监管机关颁发的司法鉴定许可证和医疗执业许可证等基本营业证照，绝不要去找没有这些证照的"黑公司"。

　　用 DNA 特征分析做亲子鉴定，现在也有很多公司在招揽生意。如果亲子鉴定是为了提起诉讼，那一定要找有司法鉴定资质的机构做。如果仅仅是为了了解情况，不涉及法律问题，原则上只要找确实能做 DNA 特征分析的机构做就行。但是，现在各家公司对亲子鉴定的分类和收费各不一样，笔者建议先在互联网上多找找，比较一下各家公司的素质、用户评价的可靠程度，再比较它们的收费标准，选取最可靠的公司。

第十章

DNA 分析
和法医昆虫学

昆虫和刑事案件侦破

最后,我们再讲一点基因科学协助命案侦查的故事。和前面的故事不同,这次是讲"虫子"。

在严重刑事案件中,昆虫往往能起到"协助"案件侦破的作用。我国宋朝大提刑官宋慈的名著《洗冤录》记载了这么一个故事:有人在乡下被杀,宋慈检验尸体的伤口后发现凶器是一把镰刀。于是他下令全村的人带着自己用的镰刀集合到官衙,把镰刀放在地上排起队来。当时正值暑天,苍蝇到处飞,众人很快就发现大群苍蝇集中停在一把镰刀上。宋慈命令把镰刀的主人抓来审问,很快那人就供出了他用自己的镰刀砍死邻人的罪行。

这是利用昆虫侦破刑事案件的第一例经典的法医学记载。宋慈在法医学方面的卓越贡献使他被世界公认为法医学的鼻祖。现在,利用各种昆虫帮助侦破杀人等重大刑事案件,已经成为世界法医学家的常用方法。

在刑侦工作中,法医学家通过鉴定出现在案发现场的昆虫或其他节肢动物的种类、鉴定它们胃肠中的物质和身上粘有的东西,可以准确地确定受害人被害的时间地点、被害方式、嫌疑人的体貌特征和作案手法等重要证据。而 DNA 分析则是这些鉴定中不可或缺的重要手段。

对食尸昆虫种属的 DNA 鉴定

法医专家经过多年不畏劳苦、不怕脏毒的仔细研究,已经掌握了多种以尸体组织为食的昆虫的特性。有些昆虫只停在新鲜尸体上，例如蝎蛉；另一些虫子却专门叮食腐尸，例如丽蝇科的苍蝇；一些种类的虫子只在尸体的特定部位产卵，等等。因此，鉴定在尸体附近出现的昆虫和其他节肢动物，就能判定尸体的死亡时间和死亡特征。但是，单凭外部特点，多数情况下难以准确确定那些虫子的正确名称。因此，科学家们就对多种虫子的特定基因 DNA 进行了 PCR 扩增、限制性内切酶酶解分析和序列测定[1,2]，把这些序列数据"存档"，作为鉴定它们的可靠依据。

世界上有约一百万种昆虫已被描述过，但是还有更多的种类尚未被描述。近年来出现了一种新的鉴定物种种类的方法——DNA 条码（DNA barcoding）。DNA 条码是选定一个特别基因的短片段，作为鉴别的根据，用 PCR 和 DNA 测序的方法进行鉴定。用这种"条码"能在虫蛹的特征不清楚的情况下，鉴定虫子的名称。DNA 条码也可用于植物的鉴定，可在只有树叶的情况下鉴定植物。对昆虫做 DNA 种属分析之前，必须对该种属进行详尽的鉴定。用来做 DNA 条码的 DNA 可以取自昆虫的任何部位，如身体、腿、触角、刚毛等。最常用的 DNA 条码是一个线粒体上的基因——细胞色素氧化酶 I 中的一段约 600 碱基对的片段[3]。法医学家已开始编辑相关昆虫类的 DNA 条码，以便简便而准确地鉴定与案件相关的昆虫[4]。现在还有了各种 DNA 条码分析软件，方便了这些鉴别工作。当然，DNA 条码不能代替通常的、用眼睛观察的种属鉴别，但是如果有两种体征和行为极其相似的昆虫种属，用目视观察无法区分时，DNA 条码将是很好的区分办法。

昆虫作为现场"人"证——吸血昆虫体内的人 DNA

在凶案的现场，经常能发现蚊子、牛蝇、臭虫、跳蚤之类小虫，它们大都吸饱了人血。对于刑侦专家，这些小虫可能是非常有用的现场证据。因为它们吸的血就是现场的人和动物身上的。特别是在凶杀受害者尸体旁发现的死虫，说明它们吸血的时间可能是案发前不久，或就在案发时。

当然，这时还要靠对它们吸的人血的 DNA 分析。有记载说，在叮咬人 20 小时以后，从两只体虱吸的血中还能检出一个人的 DNA 特征[5]。蚊子吸的血同样可以作为刑事侦查的证据，研究证明常见的吸血蚊子消化器中，储存的人血细胞虽然极少（0.028 纳克/微升），但已经足够做 STR 的 PCR 分析用，可以得到特定个人的 DNA 特征[6]。

从现场取回昆虫和其他节肢动物后，法医学家把小虫保存在 95% 酒精里备用。在进行 DNA 分析时，从虫腹靠近尾端切取 25 毫克的组织，用微量方法提取 DNA，拿提取的 DNA 用人的特征引物进行 PCR，通过琼脂糖凝胶电泳检查，鉴定出被虫子叮过的人的 DNA 特征。拿这些 DNA 特征和公安机关保存的 DNA 数据库比对，就能发现案发前不久和案发当时所有在场的人。很多命案就是这样侦破的。我们举几个例子。

意大利曾经发生过一起杀人案：

一个女人被发现死在西西里岛的一处海滩上，半身裸露。凶案当晚，在案发现场附近曾经出现过一个富商的小汽车，警察怀疑此人与凶案有关。搜查嫌疑人的家，没有发现什么线索，只是墙上有一点打死蚊子的血印。刑侦技术员把血印用湿的滤纸吸下，把剩下的血迹从墙上刮下来，又取了死蚊子来鉴定种属。技术员从血样中提取了 DNA，做了 PCR。PCR 结果说明 DNA 是被害者的，所以这证实被害者曾到过嫌疑人家里，至少到过他家附近。专家又鉴定出那只蚊子是库蚊，已知这种蚊子不会飞得很远，不像从嫌疑人家到案发现场那样远。这些证据结合其他证据（嫌疑人衣服上粘有与沙滩上相同的沙子和树叶）协助法官最终判定嫌疑人犯谋杀罪[7]。

多年前，我国长沙也发生过一起杀人抛尸案：

在长沙的一个花园里发现一具无头男尸，后来在离抛尸现场 500 米远的地方又发现了一颗布包着的人头。这两块尸块都已严重腐败，尸块上发现了大量的大个头的蛆和蛹。为鉴定这两块尸块是否同一人，法医专家把蛆和蛹收集起来洗净，提取 DNA，进行 PCR。鉴定结果，两块尸块上的蛆和蛹全是属于"巨尾阿丽蝇"，从两块尸块取的人体组织样品的

STR 也完全相符。这些事实说明头颅和尸身属于同一人。这个重要证据在以后的破案工作中起了很大作用[8]。

利用嗜尸昆虫推定死亡时间和 DNA 分子鉴定

鉴定尸体的死亡时间，是最基本的刑侦工作之一。除了公安干警从社会调查的角度推断死亡时间外，从尸体本身的特征及其环境，特别是其附近的各种生物来判断死亡时间，则是法医学家的专业特长。

我们知道，人死了以后，尸体会腐烂。这是因为人死后全身生命活动很快停止，细胞内的降解酶类活动起来，分解人体各处的软组织；同时各种生物，主要是微生物和昆虫及其他节肢动物，也开始取食已经没有防御能力的死者身躯组织。对于一般人来说，这是一种令人不堪的场面。但是，这种场面的发生发展也有其自身的规律，随着尸体死亡时间的延长，前来取食的节肢动物的种类会变化，研究这些变化正是法医学的课题。法医专家早已鉴定了在被害者死亡后不同季节、不同地点、不同时间聚集在尸体上的节肢动物的种属。例如，在华南某地，夏天最先在尸体上取食的是"大头金蝇""丝光绿蝇""绯颜裸金蝇"等几种苍蝇，随着尸体死亡时间延长，这些苍蝇逐渐长大、化蛹、成蝇，而另一些甲虫跟踪而至，取食产卵，完成它们的生命过程。甲虫在尸体上产卵时，原来叮在尸体上的各种苍蝇多半已经化蛹，甚至变成成蝇了。在国外某地，夏天在尸体上发现的是"丝光绿蝇""肥躯金蝇""肥须亚麻蝇""棕尾别麻蝇""黄须亚麻蝇"等几种苍蝇。因此，准确判定在案发现场发现的虫子的类型、种属以及相对数量，对确定死者的死亡时间极为必要。

但是，这些嗜尸虫子的种属用肉眼直接判定，通常是不容易的，而且也缺乏足以在法庭上出示的证据力。所以法医学家采取了基因科学的研究手段，用 DNA 鉴定方法来检测虫子的准确种属。除了上面讲过的 DNA 条码外，16s 核糖体 RNA 基因中的几个片段等短 DNA 也被作为鉴别苍蝇种属的分子标记。

使用这些分子标记非常简便，只要提取虫子的 DNA，用 PCR 扩增这些分子标记所在的 DNA 区域，检查扩增结果即可得知虫子的种属[9]，从而确定被害人准确的死亡时间。这在证明犯罪分子的罪行上是无可辩驳的铁证。

2003 年夏，在我国台湾省发生了一起杀人焚尸案。一个少女傍晚出门失踪两天后，一具被汽油烧焦的尸体在一片甘蔗田边的小路上被发现。法医专家用 DNA 特征分析确认了被害人就是这个失踪少女。下一步就是确定被害人的死亡时间，法医专家们利用了法医昆虫学。尸体体表和鼻孔、耳孔等处爬着大量蝇蛆，为确认蝇的种类，提取了蝇蛆 DNA 并做了分子鉴定检验。检验证明这些蝇蛆大部分是三龄的大头金蝇蛆。根据用杀死后汽油烧过的猪做的实验，大头金蝇在猪死后 5 分钟就出现在尸体上，而在和发现女尸相似的温度和湿度下，蝇卵发育到三龄需要 50 小时。因此，法医专家确定，该女子的死亡时间约为发现前 50 小时。据这一线索以及其他线索，刑警终于捉到了杀人犯，凶手供认杀害少女的时间是发现尸体前的 46 小时。

因此，按 DNA 分析所提供的昆虫种属推定的被害人死亡时间，是相当准确的[10]。

[参考文献]

1. 兰玲梅，廖志钢，陈瑶清，等. 我国法医昆虫学的研究进展[J]. 法医学杂志，2006，22（6）:448 - 450

2. 李凯，叶恭银，胡萃. DNA 分析技术在法医昆虫学中的应用[J]. 中国法医学杂志，2003，18（2）:121 - 123

3. Paul D. N. Hebert, Alina Cywinska, Shelley L. Ball, et al. *Biological identification through DNA barcodes*[J], *Proc. Biol. Sci.* 2003,270:313 - 321

4. 尹晓宏，王江峰. DNA 条形码技术在法医昆虫学中的研究进展. 政法学刊[J]，2010，27（2）:97 - 101

5. Mumcuoglu KY, Gallili N, Reshef A, Brauner P, Grant H. *Use of human lice in forensic entomology*[J]. *J Med Entomol.* 2004 Jul;41（4）:803 - 806

6. KC Rabêlo, CM Albuquerque, VB Tavares, et al. *Trace samples of human blood in mosquitoes as a forensic investigation tool*［J］. *Genet Mol Res.* 2015 Nov 23；14（4）：14847 – 14856

7. S Spitaleri, C Romano, ED Luise, et al. *Genotyping of human DNA recovered from mosquitoes found on a crime scene*［J］. *Science Direct*, 2006, 1288（1288）：574 – 576

8. X Li, JF Cai, YD Guo, F Xiong, et al. *Mitochondrial DNA and STR analyses for human DNA from maggots crop contents：A forensic entomology case from central – southern China*［J］. *Tropical Biomedicine.* 2011, 28（2）：333 – 338

9. 邓建强, 李文慧, 李亮, 等. 利用 HRM 技术进行法医昆虫种属鉴定的初步研究［J］. 中国热带医学, 2014, 14（1）：9 – 11

10. CY Pai, MC Jien, LH Li, et al. *Application of forensic entomology to postmortem interval determination of a burned human corpse：a homicide case report in southern Taiwan, China*［J］. *J Formos Med Assoc.* 2007, 106（9）：792 – 798

讲了这么多故事，现在也许可以做一点小结了。

其实，基因、转基因和遗传科学并不是什么高高在上的东西，更不是遥不可及。这些东西就在我们身边，躲在我们的身体里，跟我们朝夕相处，和我们一起生活。因此，为了身体健康，或者用一句现在的流行话：为了"养生"，我们可以而且应当知道它们，懂得它们，熟悉它们。

同样，我们也应当知道那些伪科学的东西。很遗憾，现在我们的社会里，伪科学在某种程度上还很常见。因此，我们为了生存，为了不受骗，应当尽量多学习一些科学知识。笔者希望这本小书能起一点这样的作用。

和其他自然科学一样，遗传科学是在和一切伪科学的斗争之中发展起来的，这种斗争在有些情况下还是极其残酷、你死我活的。本书正文没有涉及这方面内容，读者可以去查阅相关文献。

作为面向广大群众的科普书，笔者尽量写得容易被理解；但是坦率地说，要使读者满意很难。也因为如此，这本小书只是介绍了遗传学的部分基本知识，没讲和没讲透的东西很多。所以笔者希望有兴趣的读者进一步去阅读大学的生物化学、分子遗传学和分子生物学科普书，或有关的专著。

让我们一起努力学习和掌握各种科学知识，识破一切乔装打扮的伪科学，使我们的生活更加活泼健康，使我们的祖国更加繁荣强大！